阿里云
天池大赛
赛题解析

深度学习篇

天池平台◎著

电子工业出版社·
Publishing House of Electronics Industry
北京·BEIJING

内 容 简 介

本书聚焦深度学习算法建模及相关技术，选取医疗、视频、工业三个非常有行业代表性的赛题：瑞金医院 MMC 人工智能辅助构建知识图谱、阿里巴巴优酷视频增强和超分辨率挑战赛、布匹疵点智能识别，介绍赛题涉及的技术知识和选手的创新思路与模型，对赛题的解决方案从 0 到 1 层层拆解。

本书从经典行业案例出发，内容由浅入深、层层递进，既可以作为专业开发者用书，也可以作为参赛选手的实战手册。

未经许可，不得以任何方式复制或抄袭本书之部分或全部内容。
版权所有，侵权必究。

图书在版编目（CIP）数据

阿里云天池大赛赛题解析. 深度学习篇 / 天池平台著. —北京：电子工业出版社，2021.9
ISBN 978-7-121-41781-8

Ⅰ. ①阿⋯　Ⅱ. ①天⋯　Ⅲ. ①机器学习—题解　Ⅳ. ①TP-44

中国版本图书馆 CIP 数据核字（2021）第 159918 号

责任编辑：李淑丽
印　　刷：北京东方宝隆印刷有限公司
装　　订：北京东方宝隆印刷有限公司
出版发行：电子工业出版社
　　　　　北京市海淀区万寿路 173 信箱　　　　　邮编：100036
开　　本：720×1000　　1/16　　　印张：16.50　　字数：290 千字
版　　次：2021 年 9 月第 1 版
印　　次：2023 年 1 月第 5 次印刷
定　　价：108.00 元

凡所购买电子工业出版社图书有缺损问题，请向购买书店调换。若书店售缺，请与本社发行部联系，联系及邮购电话：（010）88254888，88258888。

质量投诉请发邮件至 zlts@phei.com.cn，盗版侵权举报请发邮件至 dbqq@phei.com.cn。

本书咨询联系方式：010-51260888-819，faq@phei.com.cn。

推 荐 语

　　人工智能的落地往往发生在与生命科学、医学、工业、文化等领域的交叉应用之上，这不仅需要理论推导，更需要动手实践。在人工智能的人才培养中，我们迫切需要建立起理论与实践并重的教育模式，通过实践项目、学科竞赛等多种方式，丰富学生的实践经历，将从课堂和书本上学习到的知识与课堂外的实战结合在一起。本书提供的三个案例涉及人工智能在医疗、工业、文化领域的经典应用，通过深入浅出的解读，实现了对理论知识的补充和升华，向大家力荐此书。

中国工程院院士，清华大学教授、清华大学信息科学技术学院院长、
清华大学脑与认知科学研究院院长，中国人工智能学会理事长　戴琼海

　　当前，人工智能技术作为数字化转型升级的重要推动力和新一轮科技竞赛的制高点，已经被提升到国家战略高度。人工智能技术的快速迭代和大规模应用，正在日益改变着人们的生活方式、产业结构，以及社会治理模式。作为实现人工智能的基础与核心技术，深度学习一经问世就迅速成为热点，推动语音、计算机视觉、自然语言处理等人工智能技术的快速发展，促成人工智能应用的普及。本书甄选了阿里云天池平台上的三个人工智能赛题，深入浅出地介绍了深度学习算法及赛题应用，相信能帮助参赛选手和人工智能领域的开发者启发数据思维，带来切实收获，并推动深度学习技术的进一步普及，为数字经济的发展添砖加瓦。

阿里云智能事业群总裁，达摩院院长　张建锋

　　（以下按姓氏拼音排序，排名不分先后。）

　　近些年，随着深度学习算法的突破、算力和数据的发展，人工智能技术迎来了高速发展，神经网络赋予了机器感知能力，快速应用在社会的各行各业，推动了智慧城市、智慧工业、智慧农业的发展。很高兴看到阿里云天池平台在这个领域产生了非常大的影响力，大量的商业、工业、医疗、公益领域的真实场景，通过天池平台开放出来，被优秀的各界人士使用。

本书的赛题来自天池竞赛场景，并由天池选手众智编写，不仅讲解了算法理论知识，还重点关注课题实践，学练相结合，能够更好地学以致用。

阿里巴巴集团副总裁，达摩院城市大脑实验室负责人，IEEE Fellow　华先胜

天池平台通过多年的大数据及 AI 类比赛沉淀了实战案例和经验，通过在医疗、工业、文娱等行业的具体案例分析引导出基于深度学习、机器学习等基础理论来构建一个智能系统。本书由浅入深地讲述了与深度学习相关的知识图谱、目标检测、视频分割等领域模型的知识及工具。本书适合 AI 相关专业的大学生和研究生，以及不具有机器学习或统计学背景但想要快速补充深度学习知识，以便在实际产品或平台中应用的软件工程师。

复旦大学计算机学院教授，中国中文信息学会常务理事　黄萱菁

这是一本值得推荐给 AI 开发者的好书。天池大赛的赛题本身就是真实案例，拥有真实数据，而作者在这本书中，既详细讲解了赛题的技术背景，又深入浅出地讲解了解题思路和技术要点等。这些内容不但能让天池大赛的参与者获益匪浅，而且还有助于广大开发者真正熟悉工业场景，以及学习如何应用 AI 技术解决实际问题。

量子位创始人　孟鸿

阿里云天池平台一直致力于大数据竞赛的推广，为国内高校及计算机从业人员提供了非常好的数据场景和算法实战平台。本书遴选了天池平台经典的三个赛题，覆盖了计算机视觉和自然语言处理两个热门的人工智能技术方向，每个赛题自成体系，从背景介绍、原理、代码实践和模型调优等方面详细讲解了大赛赛题，希望本书的出版能给人工智能专业的学生和从业人员带来帮助。

新加坡南洋理工大学南洋助理教授，机器推理和学习（MReaL）实验室负责人，2020 年"AI's 10 To Watch"获得者　张含望

本书是天池平台推出的《阿里云天池大赛赛题解析——机器学习篇》的姊妹篇，重点介绍了计算机视觉和自然语言处理方向的技术原理和代码实践，选题来源丰富、有趣，三个赛题分别来自医疗、工业和文娱场景，涵盖了知识图谱、目标检测、视频分割等热门应用。人工智能是我国的重点战略方向，希望天池平台能持续为我国人工智能人才的培养添砖加瓦。

苏州大学特聘教授，博士生导师，国家杰出青年科学基金获得者　张民

作为一门冉冉升起的新兴学科，人工智能是学界与工业界距离最近、交叉最多的领域之一。不同于"象牙塔"里的很多学问，由于人工智能本身对算法、算力、数据、场景的综合性要求，很多人工智能学术进展的诞生本身就发生在工业界，发生在应用的一线，发生在产业的"现场"。要想深入了解人工智能，掌握人工智能，仅仅靠理论知识是不够的，越是实战，越具指导价值。因此，力荐本书。其不绕弯子，单刀直入，对具体命题抽丝剥茧，理论、工具、代码齐备——非常具体，全是"干货"，非常"解渴"。

甲子光年创始人　张一甲

深度学习已经进入产业化阶段，AI 人才结构正在不断升级，将技术应用到真实场景并解决实际问题将成为未来 AI 技术人才的核心竞争力。本书精选天池平台经典赛题，基于真实业务场景和案例，提供了扎实且实用的深度学习技术介绍，能够帮助你快速掌握关键领域的实践。

机器之心创始人兼 CEO　赵云峰

序言
让深度学习触手可及

在过去的几十年中，人工智能经历了从"传统机器学习"时期到"数据驱动的机器学习"时期，再到"深度学习遍地开花"的当下。人工智能已经成为最具吸引力与影响力的科技之一。

深度学习是伴随着大数据与云计算技术的崛起而快速发展起来的，并在计算机视觉、语音等感知领域迅速取得成功。相对于传统机器学习，深度学习的算法设计更加灵活，可以显著提升针对感知类问题的效果。随着算力及分布式工程能力的进一步提升，深度学习的参数规模越来越大。可以说，参数越多，模型对知识的理解就越深刻。而深度学习模型也从传统的针对单一任务，比如文本识别、物品识别、语音识别等，向多任务处理发生转移，我们称这种一个模型可以同时处理文本识别与理解、图片识别与理解，实现跨领域联动识别与理解的能力为多模态通用 AI 能力。可见，深度学习在时下及未来很长一段时间内都将具有很高的科研价值和广阔的产业前景。

任何一项科学技术从研究领域走向产业实践都会面临诸多的挑战，对于普通的开发者而言更是如此。从研发范式的角度，我们观察到 AI 与大数据的发展模式是沿着"小作坊"到"大平台"，再到"敏捷制造"的方向演进的。依托云原生大数据与 AI 一体化的平台，开发者可以灵活、快速地开发并高效按需部署、使用 AI 服务。而这还远远不够，技术与产业的结合还需要具有真实场景作为开发者成长的沃土，以便使其自身的技术得到锤炼。本书中的案例生动，能真实地将开发者带入深度学习应用最为火热的几个现实场景中，如医疗、多媒体与娱乐、工业智造，从 0 到 1 描绘端到端的业务场景；深入浅出，阐述业务问题背后的技术背景；详细讲解需要用到的每一个技术细节。这可以使开发者"身临其境"地面对产业问题，分析技术解法，探索技术方案，解决问题并优化解法。

工欲善其事，必先利其器。阿里云机器学习 PAI 平台与天池社区、天池大赛共同为广大开发者提供了从云原生交互式建模、可视化建模、大规模分布式训练平台到弹性推理服务的全套 AI 工程支持，以及 AI 实战案例、真实场景数据、产业级技术指导、开发者交流互动平台。希望广大开发者能够在掌握基本原理的基础上，在云环境中快速实践并演练各种技术，体验深度学习在产业中的落地过程，并将这种能力快速应用到更多的实战场景中，推动人工智能在更多产业开花结果。

贾扬清

阿里巴巴集团副总裁、阿里云智能计算平台事业部高级研究员

自序

天池——Make AI Happen

不知不觉，第一本图书《阿里云天池大赛赛题解析——机器学习篇》出版已经大半年了。还记得，在策划此书时，团队不止一次陷入争论：我们的书没有完整的理论系统支撑，是否客观公正？作者是普通开发者而不是领域专家，是否具有权威性？内容上直接讲方法是否太过枯燥？

怀着忐忑不安的心，第一本书终于在 2020 年 9 月出版了。出版社李老师第一时间给我们发来了销售数据，似乎还可以，稍稍心安；过了几天，又去电子工业出版社天猫旗舰店翻阅读者的评价，几乎百分之百是好评，悬着的心又放下了一些；紧接着，天池平台（简称天池）参加了一个教育展会，这本书在展台大受欢迎，很多老师翻阅后当场下单购买。到这儿，我们的心才总算放下了。我们原计划就是要出版天池比赛系列图书，再加上读者给了我们信心，于是马不停蹄地筹备第二本。

回顾 2020 年，新型冠状病毒肺炎疫情迟迟不肯退去，我们被迫进入了"后疫情时代"，科技、AI 无处不在；2021 年也是"十四五"的开局之年，全面实现数字化被提上日程，技术与产业融合在进一步扩大和深入。

天池在这一年中也做了更多有意义的探索。我们走访了佛山坚美铝业的质检车间、重庆江记酒庄的自动化灌装车间等十余个制造企业产线车间，在自动化的产线带给我们强烈震撼的同时，我们也在思考和探索如何运用 AI 技术提高工业视觉质检的准确率和效率，辅助甚至替代人工来把关产品质量，助推企业高质量发展。我们与数字中国建设峰会组委会合作，让人工智能技术和中国高分卫星数据深度结合，从 PB 级数据中自动化精准识别建筑物轮廓，实现高分卫星对人居建筑的每月例行监测，服务于违建监测、受灾民居统计、城市体检、宅基地改革等应用场景，实现建筑智能普查，用 AI 技术驱动城市精细治理，用科创助力数字中国建设。

我们还到浙江丽水遂昌县，探索用数字化技术实现乡村振兴的跨越式发展，让数字经济与绿水青山发生巧妙的融合……我们秉承初心，持续推动产业互联网时代高质量脱敏数据集的开放，并为阿里云机器学习 PAI 平台提供算力支撑，激活青年人的创新动能，让青年开发者有机会运用算法解决社会或商业问题，让 AI 普惠各行各业。

如果说机器学习主要解决大数据的应用问题，那么深度学习的出现，则开始解决机器感知问题。随着算力的不断升级，人工智能将在各行各业取得重要突破。

因此，针对本书，我们选取了三个非常有行业代表性的赛题，分别来自医疗行业、视频行业、工业。竞赛期间，我们就惊喜地看到天池选手提交的创新思路和模型，经过选手的授权，我们期待与更多读者分享。这三个赛题的数据集均为天池官方采集或标注，通过本书首次对外公开。本书继续沿用天池选手众智的撰写模式，希望更接近读者日常的阅读习惯。

在这里，要感谢侯思泽、肖芬瑞、王煦中、洪鹏飞、宋丹、张永亮几位作者的付出。同时，本书在每个赛题前增加了技术前沿的解读，并分享了阿里巴巴在这些领域的研究成果，它们分别来自阿里巴巴各技术领域的人工智能专家陈漠沙、李静、白德桃。本书也会继续开放源码，读者可以通过天池实验室进行在线运行。

长风破浪会有时，直挂云帆济沧海。二十年在整个人类发展史上只是沧海一粟，但近二十年的科技发展给人类带来了翻天覆地的变化，我们有幸处在这个时代，希望在这艘科技驱动的巨轮中，天池能尽到微薄之力，让更多的技术爱好者更快地登上巨轮，跟随，甚至推动巨轮前行。

王一婷、崔颖、王昕

天池平台

众智作者简介

白德桃

毕业于西安交通大学，在校期间参加天池大赛获得多次冠军，毕业后就职于阿里巴巴达摩院，一直从事工业视觉智能领域的技术研发与落地。

陈漠沙

研究生毕业于上海交通大学中德语言联合技术实验室，研究方向为自然语言处理。曾就职于雅虎研究院、阿里友盟和阿里巴巴达摩院，分别从事广告算法和医疗 NLP 算法的研发工作，有着丰富的 NLP 算法研究和落地经验。现任阿里云天池平台算法科学家，负责天池赛题的研发和数据集建设。

洪鹏飞

天池数据科学家，曾获得六次全国数据科学（人工智能）算法大赛冠军及多项赛事的优异名次，曾在京东、阿里巴巴等知名企业担任人工智能算法工程师，专注于各类人工智能产业算法解决方案研发。负责优酷赛题的撰写工作。

侯思泽

英国利物浦大学博士，多年从事数据科学和人工智能算法相关的教育工作，专攻深度学习相关技术的研究，曾多次在国际顶级会议和期刊发表论文。负责布匹疵点智能识别赛题的主要撰写工作。

李静

阿里巴巴文娱集团资深算法专家，阿里巴巴大文娱摩酷实验室负责人。2013 年获法国南特大学计算机博士学位，2014—2019 年任法国国家科学院 IPI/LS2N 实验室研究员，法国南特大学助理教授。研究方向包括心理学实验方法论、多媒体视觉体验质量评价、3D 视觉、机器学习等。国际质量专家组 VQEG 成员，国际标准组织 IEEE P3333.1 成员，欧盟 Qualinet 成员，AVS 视频标准质量评价组成员，ACMMM 2020 QoEVMA workshop 组织者。参与多家国际期刊与会议的评审。

王煦中

天池数据科学家，曾在瑞金医院人工智能辅助构建知识图谱等多个算法大赛中名列前茅；曾在清华大学知识工程实验室参与研究工作，主要从事社交网络分析及自然语言处理研究，曾在国际顶级会议及期刊发表论文多篇并拥有多项发明专利。负责瑞金医院赛题的撰写工作。

肖芬瑞

天池知名选手，北京邮电大学硕士，主要研究方向包括域自适应目标检测、小目标检测、文本检测与识别等；BUPT_CAD 团队主要成员，BUPT_CAD 团队曾在广东工业智造创新等多个算法大赛中取得优异成绩。负责协助布匹疵点智能识别赛题的撰写工作。

张永亮

苏州实验舱青少年编程数据科学课题组负责人，人工智能产业专家，拥有二十年产业从业经验；IT 技术教育专家，拥有十年计算机软件开发和编程教育经验，专注于计算机技术的教育和科普工作。负责本书的整体策划和整编工作。

目　　录

赛题二　阿里巴巴优酷视频增强和超分辨率挑战赛

赛题三　布匹瑕点智能识别
（2019 广东工业智造创新大赛　赛场一）

赛题一 瑞金医院 MMC 人工智能辅助 构建知识图谱

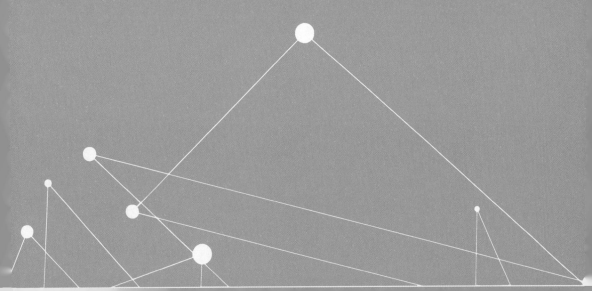

0　技术背景

0.1　技术现状

随着深度学习技术的不断发展，越来越多的研究者开始关注 AI 技术在医疗健康领域中的应用和创新，包括健康管理、辅助诊疗、新药研发等。近年来，诸多研究机构及企业都加大了在 AI+医疗领域中的投入，以阿里巴巴为例，早在 2016 年就提出了 Double H（Happy & Health）战略并持续投入研发进行布局。在新冠肺炎疫情期间，阿里巴巴第一时间利用技术投入抗疫进程中，如大家熟知的"出行健康码"以及智能疫情外呼机器人，为国家抗疫做出了重要贡献。从新冠肺炎疫情爆发到 2020 年 2 月 24 日，达摩院的智能疫情机器人已落地全国的 27 个省，累计为 40 座城市拨打 1100 万通防控摸排电话，并完成 100 多万人次的在线咨询服务，有效缓解了防控一线人力不足的问题。

0.2　实验室介绍

在阿里巴巴集团内部，诸多实验室都开展了智慧医疗的研发工作，包括阿里巴巴达摩院、阿里云、阿里健康、神马搜索等部门。其中，阿里巴巴达摩院主要从事医学影像及医学自然语言处理（BioNLP）的基础研发工作和前沿科技的探索，图 1-0-1 所示是和本赛题相关的医学文本信息抽取产品图；图 1-0-2 所示是新冠肺炎疫情期间，达摩院研发的新冠肺炎 CT 影像自动识别系统演示。阿里云的医疗 AI 产品主要服务于公共卫生体系，如医院等，图 1-0-3 所示是阿里云开发的智能电子病历质检系统，其能够辅助医生及时发现病历书写中的不合规问题，目前已经在国内上百家医院应用。阿里健康主要侧重于互联网医疗，如互联网在线问诊（图 1-0-4）。神马搜索主要侧重于医疗领域的垂直搜索，如图 1-0-5 所示。此外，阿里巴巴集团还在基因、新药研发、保险智能审核等生态领域投入了研发力量。

图 1-0-1　医学文本信息抽取产品图

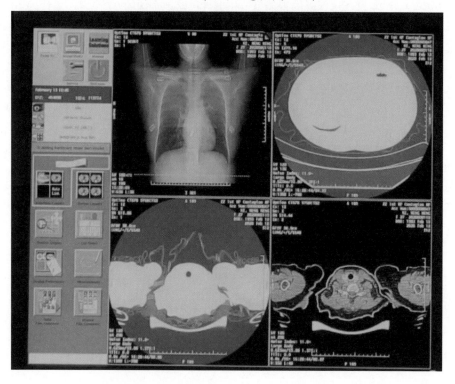

图 1-0-2　新冠肺炎 CT 影像自动识别系统

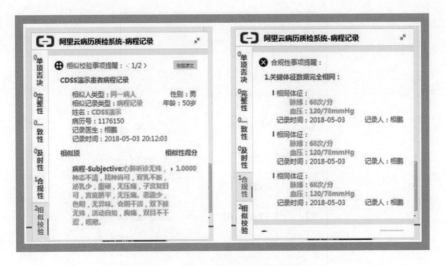

图 1-0-3 阿里云智能电子病历质检系统

图 1-0-4 阿里医鹿在线问诊系统

图 1-0-5　夸克医疗搜索

本赛题将对知识图谱构建环节中的重要技术——实体识别,进行详细讲解,对医学信息处理(BioNLP)领域感兴趣的读者可以关注由中国中文信息学会医疗健康与生物信息处理专业委员会发起、由阿里云天池平台承办的 CBLUE（Chinese Biomedical Language Understanding Evaluation Benchmark,中文医疗信息处理挑战榜),榜单涵盖了医学自然语言处理常见的任务和数据集（读者可在阿里云天池/数据集页面访问),见图 1-0-6。

图 1-0-6　中文医疗信息处理挑战榜

1 赛题解读

1.1 赛题背景

糖尿病是代谢性疾病，也是慢性疾病。中国是世界上糖尿病患者最多的国家。根据国际糖尿病联合会（International Diabetes Federation，IDF）2019 年发布的全球糖尿病地图（第 9 版），在中国 20～79 岁的人群中，糖尿病患者达到 1.164 亿人，由糖尿病导致的死亡人数超过 82 万。糖尿病病因复杂，表现出的症状多种多样，这给糖尿病的诊断和治疗带来了很大的困难。国务院颁布的《"健康中国 2030"规划纲要》也将糖尿病列为重点监控的慢性病。

本届大赛由上海交通大学医学院附属瑞金医院与阿里云联合发起主办，以人工智能辅助糖尿病知识图谱构建为题，通过与糖尿病相关的指南与共识、研究论文等进行糖尿病文献挖掘，并构建糖尿病知识图谱。参赛选手需要设计高准确率、高效的算法来挑战这一科学难题。

本次大赛分为两个阶段。第一阶段（初赛）：基于糖尿病临床指南和研究论文的实体标注构建；第二阶段（复赛）：基于糖尿病临床指南和研究论文的实体间关系构建。本次大赛禁止使用外部数据，禁止通过构造字典的方式来进行实体预测，但可以使用外部工具。

1.2 知识图谱

本节从发展历史、表达方式、构建方式和知识推理四个方面简要介绍知识图谱的关键技术。

1.2.1 知识图谱的发展历史

2012 年谷歌提出了知识图谱（Knowledge Graph）的概念，其目的是提高搜索引擎返回答案的质量，以及理解用户查询背后的语义信息。谷歌在描述知识图谱时用了这样一句话：things not strings，即我们希望在互联网上获取的信息不是单纯的字符串，而是字符串背后所蕴含的对象或事物。例如：

当我们尝试在互联网上获取篮球球星"科比"的资料时，谷歌搜索引擎返回图 1-1-1 所示的结果。左侧部分通过传统搜索与推荐算法返回相关网页链接（即字符串信息），右侧部分通过表格返回科比的基本资料（即知识图谱）。显然，通常用户更希望获取的是右侧的信息。

图 1-1-1　谷歌搜索

通过上述例子，我们可以看到，知识图谱更符合互联网的发展与人类的认知。下面我们简要回顾知识图谱的发展历史。

1）语义网络

20 世纪五六十年代，研究人员提出了语义网络（Semantic Network）的概念。语义网络由表示概念的节点与表示概念间关系的边组成，其主要目的是用图的形式来表达结构化的知识。

例如，"John gave the book to Mary."，这句话的语义网络如图 1-1-2 所示。

通过这个语义网络，我们可以清晰地认识到整句话描述了一个事件（gave），该事件的施事者是 John，对象是物体 book，受益者是 Mary。通过结构化的方式，语义网络帮助我们清晰地理解了句子的信息。

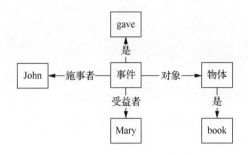

图 1-1-2　语义网络

2）本体

到了 20 世纪 90 年代，研究人员进一步提出了本体（Ontology）的概念。本体主要描述领域的知识，提供领域内知识的共同理解，确定领域内共同认可的词汇，以及形式化地给出词汇与词汇之间关系的明确定义。换言之，本体是知识的抽象表达，是描述知识的顶层结构。

典型的本体库有 WordNet 和 HowNet。WordNet 主要使用图结构来描述英文单词，将语义相近的单词划分到同一组。简单来说，WordNet 主要描述英文单词的同义关系。而 HowNet 主要以中文为主，而且描述的单词之间的关系更加复杂、丰富。

3）语义网

研究人员于 1998 年提出了语义网（Semantic Web）的概念。我们日常使用的万维网通过超链接的方式描述文档之间的关系，而语义网的主要目的是描述万维网中资源和数据之间的关系。进一步说，语义网希望描述资源和数据之间的语义与逻辑关系。

例如，在万维网环境中，当我们购买一张机票时，需要进行"访问售票平台—搜索航班—预定航班"的操作。

而在语义网环境下，只需要输入"预定某时去往某地的航班"，计算机就能自动解读，自动预定航班。这种能充分体现智能化、自动化、人性化的语义网，是万维网的发展方向。

1.2.2　如何表达知识

知识图谱主要通过图的形式结构化地组织知识。通常，图由节点与边构成。

其中：

- 节点：描述概念或者实体。

- 边：描述概念、实体之间的语义关系。

为了方便地表达和存储图结构，我们使用三元组来组织这一关系，表示为（源节点，边，目标节点）。在知识图谱中，我们一般采用（主语 Subject，谓语 Predicate，宾语 Object）的形式，即 SPO 三元组来描述知识。SPO 三元组是构成知识图谱的最小单位。

通常，我们使用 RDF（Resource Description Framework，资源描述框架）来组织三元组。一般采用 XML 语法表示，例如：

```
<?xml version="1.0"?>
    <RDF xmlns=http://www.w3.org/1999/02/22-rdf-syntax-ns#xmlna:DC
=http://purl.org/metadata/dublin-core#>
        <Description about=http://www.dlib.org/dlib/may98/miller>
            <DC:title>
                An introduction to the Resource Description Framework
            </DC:title>
            <DC:creator>
                Eric Miller
            </DC:creator>
            <DC:date>
                1998-05-01
            </DC:date>
        </Description>
    </RDF>
```

这是一个简单的 RDF 文档，它描述了资源的标题（title）、创建者（creator）和时间（date）三个属性。

后来，研究人员在 RDF 基础上提出了扩展的 RDFs，用于描述更丰富的知识。而 OWL 语言进一步扩展了 RDFs，可以实现高效的自动推理。

另外，随着计算能力与数据量的发展，近年来表示学习也成为研究知识图谱表达方式的重要手段。类似于自然语言处理中的词向量，表示学习由机器经过训练自动地将实体或者实体之间的关系提取为一组向量。实践证明，在数据规模足够大的情况下，表示学习能为知识图谱的相关任务带来很大的提升。也正是因为表示学习技术的发展，自然语言处理技术和深度学习技术得以广泛地应用于知识图谱中，促进了知识图谱的进一步发展。

1.2.3 如何构建知识图谱

构建知识图谱的核心是构建描述知识图谱的 SPO 三元组。围绕这一目的，其主要任务如下：

- 识别主体与客体的实体识别（解决 S 与 O 的识别问题）。

- 抽取实体对关系的关系预测（解决 P 的识别问题）。

- 对多个知识图谱的实体进行对齐的知识融合（解决不同知识图谱中三元组对齐问题）。

- 理解句子中实体背后语义关系的指代消解（解决 S 与 O 的语义关系问题）。

1. 实体识别

实体识别，又被称为命名实体识别（Named Entity Recognition，NER），主要目的是识别并给定文本中具有特定意义的实体的边界及所属类别。实体的边界指的是每一个实体在句子或段落中的起点和终点。

实体识别是构建知识图谱的基础任务，主要负责三元组中主体和客体的边界与类别的识别工作，之后会结合初赛赛题详细介绍。

2. 关系抽取

关系抽取（Relation Extraction，RE），又被称为关系分类，主要目的是识别给定实体之间的关系。这种实体之间的关系通常都是由领域专家预先定义好的。

关系抽取是构建知识图谱的关键任务，主要负责三元组中主体与客体之间关系类别的分类工作，之后会结合复赛赛题详细介绍。

3. 知识融合

知识融合的主要目的是对来自给定的多个不同知识图谱的三元组进行对齐，主要指实体对齐。通过在不同的知识图谱之间进行对齐工作，我们可以获得更大、更丰富的知识图谱。

目前，对齐手段主要分为无监督实体对齐与有监督实体对齐。

（1）无监督实体对齐：通过对实体属性提取特征，并根据特征相似度进行聚类来实现对齐。

传统的相似度衡量手段主要有编辑距离、Jaccard 系数、余弦相似度等。近几年，随着表示学习的发展，产生了一种先将实体或者实体属性转换为一组特征向量，然后进行相似度聚类的方法。表示学习的对齐方法在大规模的数据中有着非常不错的表现。

（2）有监督实体对齐：先通过 PairWise 的方式对来自不同知识图谱的实体进行两两配对，并通过人工标注标签来构建训练集，然后使用传统的统计机器学习或者深度学习的方法训练模型，完成监督实体对齐的工作。

相比无监督实体对齐，有监督实体对齐有更高的准确率，然而构建大规模、高质量的训练集一直是这项工作的难点。

4. 指代消解

指代消解是信息抽取中的一项关键任务。由于句子中的实体可能存在多种表述方式，如可能以代词的形式存在，因此需要通过指代消解来准确理解不同实体表达方式背后的语义信息。指代消解在问答系统、机器翻译、自动对话等领域都有广泛的应用。例如，"我为乔布斯投了一票，因为他的想法最符合我的观点"，她说。

在这句话中，"我""'我的'中的'我'"和"她"指代的是同一个人，"乔布斯"和"他"指代的是同一个人。

常用的指代消解方法有 Mention Pair 与 Mention Ranking。

1）Mention Pair 方法

Mention Pair 方法与知识融合中的有监督实体对齐方法类似。首先使用实体识别得到句子中的所有 Mention（指代）词，然后使用 PairWise 方法对 Mention 词两两配对，最终训练出一个二分类分类器，表明 Mention 词是否指代同一事物。当进行预测时，需要利用共指传递性进行补全。

Mention Pair 方法采用如下损失函数：

$$\text{Loss} = -\sum_{ij} y_{ij} \log P\left(m_i, m_j\right)$$

其中，$\sum_{ij}$ 为所有 Mention 词的两两组合，正例 y_{ij} 取 1，负例 y_{ij} 取 -1。

例如，在上文的句子中，我们抽出所有的 Mention 词，如下：

我、乔布斯、他、"我的" 中的 "我"、她

经过两两配对后，输入训练好的二分类分类器，得到如下结果（只保留正例）。

（1）（我，她）。

（2）（乔布斯，他）。

（3）（"我的" 中的 "我"，她）。

利用传递性，从（1）和（3）两条结果中传递得到（我，我的中的 "我"），从而补全指代信息。然而，错误的预测结果也将会通过传递性传递，而下面我们介绍的 Mention Ranking 方法会解决这个问题。

2）Mention Ranking 方法

Mention Ranking 方法通过对某个 Mention 词只预测一个相关 Mention 的方式来减少错误传递，提高预测准确率。

假设我们关注的是 "她"，首先将 4 个 Mention Pair（她，我）（她，乔布斯）（她，他）（她，"我的" 中的 "我"）输入网络，得到 4 个概率值，然后通过 SoftMax 函数对其进行归一化，如归一化后分别为 0.5，0.1，0.1，0.3，最终输出这组 Mention Pair 中概率最高（0.5）的一对（她，我）。通过这种方式，可以有效减少错误传递。

与 Mention Pair 方法的二分类分类器不同，Mention Ranking 采用如下损失函数：

$$\text{Loss} = -\sum_i \sum_j y_{ij} \log P(m_i, m_j)$$

其中，m_i 为目标 Mention，m_j 为该目标 Mention 对应的候选 Mention，正例 y_{ij} 取 1，负例 y_{ij} 取 0。

1.2.4　如何进行知识推理

基于构建好的知识图谱，从中获取我们未知的知识，是知识推理的主要目的。知识推理的主要任务是从已有的知识推理出未知的知识，或者是识别出知识图谱中的错误。通俗地说，知识推理主要做知识图谱补全与质量校验。常用的推理方法主

要包括基于符号逻辑的推理和基于表示学习的推理。

1. 符号逻辑推理

符号逻辑推理主要是基于描述逻辑的本体推理。描述逻辑是一种基于对象的知识形式化表达，具有很强的表达能力与可判定性。

描述逻辑系统包含四个部分：

- 概念与关系：描述领域中子集与子集之间的关系。

- Tbox 公理集：描述领域结构的公理集合，如学生（概念）、朋友（关系）。

- Abox 断言集：描述实例的集合，如小明（学生）、<小明，小张>（朋友）。

- 推理机制：使用定义的构造算子进行概念与关系的推理，如交、并、非等。

描述逻辑主要的推理任务有一致性、可满足性（Tableaux 算法）、包含检测、实例检测等。其常用的工具有 Drools 和 Jena 等，这里不再详细讲述。

2. 表示学习推理

表示学习推理通过将学习的对象自动地由机器表示为隐式特征，来获取更强的表达能力。随着数据量的不断扩展与深度学习技术的发展，表示学习的能力受到越来越多研究者的关注。常见的基于表示学习的知识推理方法有 TransE（Translating Embedding）、随机游走（Random Walk）和图神经网络（Graph Neural Network，GNN）等。

1）TransE 模型

TransE 模型的主要思想是将实体与关系映射为同样维度的向量，这些向量满足知识图谱中的三元组关系：head + relation = tail，如图 1-1-3 所示。

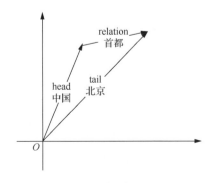

图 1-1-3　TransE 模型

类似于 SVM（Support Vector Machine，支持向量机），TransE 采用如下损失函数：

$$\text{Loss} = \sum \max\left(0, \gamma + d_{\text{pos}}\left(h+r,t\right) - d_{\text{neg}}\left(h'+r,t'\right)\right)$$

其中，负样本通过随机替换头尾实体得到。TransE 通过不断迭代训练，最终获得实体与关系的映射向量。

TransE 只能处理一对一的关系，为了处理一对多、多对一、多对多的关系，后续进一步提出了 TransH，TransR，TransD 等模型。

2）随机游走

随机游走是一种尝试对图中节点进行表示学习的方法：给定图中节点，从其邻居中随机采样作为下一个访问节点，重复此过程，直到序列长度符合预设条件。

通过在图中多次随机游走，我们可以获取大量的节点序列。其类似于自然语言处理中词向量的训练方法（如 Skip Gram 或者 CBOW），通过反复迭代，学习到每个节点的向量表达。

3）图神经网络

图神经网络是一种针对图结构的表示学习方法，主要通过图卷积对目标周围邻居节点所携带的信息进行聚合（即消息传递）。

$$x_i^k = \gamma^k\left(x_i^{k-1}, \text{AGG}\left(\phi^k\left(x_i^{k-1}, x_j^{k-1}, e_{ij}\right)\right)\right)$$

其中，AGG 为聚合方法，通常有 SUM，MEAN 等；γ 和 ϕ 是两个需要学习的层，如多层感知机（Multi-Layer Perceptron，MLP）。

图神经网络通过上述方法聚合邻居节点信息，最终学习到每个节点的表达。常用的模型有 GCN（Graph Convolutional Network，图卷积网络），GraphSage，GAT（Graph Attention Network，图注意力网络）等。

1.3 数据介绍

下面分别对初赛和复赛的数据进行介绍。

初赛和复赛数据文件的标注工作基于 brat 软件进行。其中，.txt 文件为原始文档。.ann 文件为标注信息，标注实体以 T 开头，后接实体序号、实体类别、起始位置和实体对应的文档中的词；标注关系以 R 开头，后接关系序号、关系类别、组成关系的实体信息。

1.3.1　初赛数据

初赛任务是一个典型的知识图谱构建——实体识别任务。

实体类别共包含 15 类。

与疾病相关的种类：

（1）疾病名称（Disease），如 I 型糖尿病。

（2）病因（Reason），包括疾病的成因、危险因素及机制。比如，在"糖尿病是由胰岛素抵抗导致的"中，胰岛素抵抗属于病因。

（3）临床表现（Symptom），包括症状、体征，有病人直接表现出来的和需要医生进行检查得出的判断，如头晕、便血等。

（4）检查方法（Test），包括实验室检查方法、影像学检查方法、辅助试验，以及对疾病有诊断和鉴别意义的项目等，如甘油三酯。

（5）检查指标值（Test_Value），包括指标的具体数值、阴性阳性、有无、增减、高低等，如>11.3 mmol/L。

与治疗相关的种类：

（1）药品名称（Drug），包括常规用药及化疗用药，如胰岛素。

（2）用药频率（Frequency），包括用药的频率和症状的频率，如一天两次。

（3）用药剂量（Amount），比如 500mg/d。

（4）用药方法（Method），如早晚、餐前餐后、口服、静脉注射、吸入等。

（5）非药物治疗（Treatment），即在医院环境下进行的非药物性治疗，包括放疗、中医治疗方法等，如推拿、按摩、针灸、理疗，但不包括饮食、运动、营养等。

（6）手术（Operation），包括手术名称，如代谢手术等。

（7）不良反应（SideEff），即用药后的不良反应。

常规实体：

（1）部位（Anatomy），包括解剖部位和生物组织，如人体各个器官和胰岛细胞。

（2）程度（Level），包括病情严重程度、治疗缓解程度等。

（3）持续时间（Duration），包括症状持续时间和用药持续时间，如"头晕一周"中的"一周"。

1.3.2　复赛数据

复赛任务是一个典型的知识图谱构建——关系抽取任务，即从中抽取实体之间的关系。

实体之间的关系共包括 10 类。

（1）检查方法 -> 疾病（Test_Disease）。

（2）临床表现 -> 疾病（Symptom_Disease）。

（3）非药物治疗 -> 疾病（Treatment_Disease）。

（4）药品名称 -> 疾病（Drug_Disease）。

（5）部位 -> 疾病（Anatomy_Disease）。

（6）用药频率 -> 药品名称（Frequency_Drug）。

（7）持续时间 -> 药品名称（Duration_Drug）。

（8）用药剂量 -> 药品名称（Amount_Drug）。

（9）用药方法 -> 药品名称（Method_Drug）。

（10）不良反应 -> 药品名称（SideEff_Drug）。

1.4　评测指标

两个阶段的赛题均采用 Micro-F1 作为评测指标：

$$F1 = \frac{2 \times P \times R}{P + R}$$

其中，P 为准确率，R 为召回率。

复赛评测采用严格交集的方式来计算 F1，即抽取的三元组必须与答案完全一致。

2 数据处理

2.1 自然语言处理基础

自然语言处理（Natural Language Processing，NLP）主要研究实现人与计算机之间用自然语言进行有效通信的各种理论和方法，是一种涉及语言学、计算机科学、逻辑学等学科的典型交叉学科，其主要任务包括自然语言理解（Natural Language Understanding，NLU）和自然语言生成（Natural Language Generation，NLG）。

20 世纪六七十年代，研究人员通常采用规则的方式来完成构建问答系统、机器翻译等任务。基于规则的方式简单快捷，但是泛化能力弱。在九十年代，随着统计机器学习的广泛应用,通过定义特征来构建机器学习模型的技术获得了很大的发展。进入 21 世纪以来，计算能力和数据规模的不断发展，尤其是深度学习技术的发展，带来了对自然语言处理研究的热潮。在深度学习技术的加持下，采用端对端（End-to-End）的训练方式，许多任务指标都得到了大幅提高，甚至超越了人类水平。但这只是自然语言处理技术发展的开端，还有更多的任务等待研究人员去探索。

2.1.1 词向量

字和词是人类语言的基本单位。为了让计算机理解人类语言，就必须考虑如何在计算机系统中表示字和词。通常，将字和词映射为一组反映其语义特征的实数向量，这种方式被称为词向量。常用的词向量有独热表示（One-Hot Representation）与分布表示（Distribution Representation）两种表示方法。

1. 独热表示

独热表示是一种采用独热（One-Hot）编码的词向量表示方法。独热编码使用 N 位 0 和 1 的编码方式来表示 N 种状态，且在任意时刻只有一种状态有效。要想使用独热编码的字词，就需要构建全词表，全词表的大小即为独热编码的长度。假设全词表大小为 1000，则可以采用如下方式对"苹果"编码。

$$[1,\underbrace{0,0,\cdots,0}_{999个0}](长度为1000)$$

独热编码相当于给每个字词分配一个唯一的 id，这种稀疏编码不能反映字词背后蕴含的语义信息，而且会占用大量的内存空间。

2. 分布表示

为了能够表示字词的语义信息，我们将字词表示为一个定长的稠密向量。由于稠密向量之间可以进行距离计算（相似度计算），因此可以反映字词背后的语义信息。假设定长为 300，则可以采用如下方式对"苹果"编码。

$$[0.01,0.02,0.01,\cdots,0.01](长度为300)$$

然而，由于反映语义分布的稠密向量不是随意设置的，需要从句子、文档中不断地学习得到，因此还需要对句子进行建模，这就是我们将要介绍的语言模型。

2.1.2 语言模型

语言模型定义了自然语言中标记序列的概率分布。通俗地说，语言模型是对句子进行建模，并求解句子的概率分布。

1. 传统语言模型

1）词袋模型

我们会想到用类似于独热编码的方法，使用一个定长稀疏向量来表示一个句子。这样，向量的每一位都代表句子中的一个字词，向量的长度为全词表的大小。由于每个句子中都可能会有字词重复出现，因此为了更好地反映语义，我们使用字词频数来代替独热编码中的 0，1 编码，这样就得到了一个模型，其被称为词袋模型（Bag-of-Words Model）。

例如，如果文档中有"我喜欢吃苹果，乔布斯也喜欢吃苹果。"和"乔布斯创办了苹果公司"两句话，则构造的全词表为[我,喜欢,吃,苹果,乔布斯,也,创办,了,公司]，大小为9。两句话的词袋表示为[1,2,2,2,1,1,0,0,0] [0,0,0,1,1,0,1,1,1]。

其中，数值反映了字词出现的频数。可以看出，词袋模型与字词在原句子中的顺序无关，只反映字词出现的频率。通常来说，字词的频率反映了其在句子中的重要性。然而，从文档的角度来看，字词的重要程度又和其在文档中出现的频率成反比。为了描述这种情况，研究人员又提出了 TF-IDF（Term Frequency-Inverse

Document Frequency）的计算方式，这里我们不再详细讲述。

2）n-gram 模型

由于词袋模型无法反映字词在句子中的顺序信息，因此其携带的语义信息是片面的。为了更好地反映语义，研究人员提出了 n-gram 模型。

我们知道，语言模型是对句子概率分布的建模。下面是句子的联合概率分布计算公式：

$$P\left(w_1,w_2,\cdots,w_m\right)=P\left(w_1\right)P\left(w_2\mid w_1\right)P\left(w_3\mid w_1,w_2\right)\cdots P\left(w_m\mid w_1,w_2,\cdots,w_{m-1}\right)$$

由此可知，某一个单词的概率是由其前面所有出现的单词决定的，这符合人的认知。然而，由于这个概率难以计算，因此，研究人员就尝试采用马尔可夫假设来简化计算。

马尔可夫假设：某个时刻的状态只和其之前（$n-1$）个时刻的状态有关。

通过假设，上面的概率分布计算公式就可以转换成如下形式：

$$P\left(w_1,w_2,\cdots,w_m\right)=P\left(w_1,w_2,\cdots,w_{n-1}\right)\prod_{t=n}^{m}P\left(w_t\mid w_{t-n+1},\cdots,w_{t-1}\right)$$

这个模型就被叫作 n-gram 模型。显然，词袋模型为 1-gram 模型。n-gram 模型通常采用极大似然估计来计算，极大似然估计只需要统计每个 n-gram 在训练集中的频数即可。如下：

$$P(w_t\mid w_{t-n+1},\cdots,w_{t-1})=\frac{C\left(w_{t-n+1},\cdots,w_t\right)}{C\left(w_{t-n+1},\cdots,w_{t-1}\right)}$$

由于单纯的频数统计在分母上可能会出现 0，因此一般采用某种平滑方法进行统计。常用的平滑方法有拉普拉斯平滑，其公式如下：

$$P\left(w_i\right)=\frac{c_i+1}{N+V}$$

其中，c_i 为词频，N 为单词总数量，V 为词表大小。

由于传统语言模型是通过计算句子序列的联合概率得到句子的分布表达的，因此无须再使用词向量进行分析。当然，在某些任务中仍需要得到词向量。这时，我们可以先利用 n-gram 模型得到字词的共现矩阵，然后对矩阵做 SVD 分解，以得到词向量的分布表达。下面介绍两种直接训练得到词向量的分布表达方法。

2. 神经语言模型

神经语言模型通过神经网络训练得到词的分布表示，通常被称为词嵌入（Word Embedding）。神经语言模型接受将一个句子作为输入，并将这个句子本身作为输出。模型的构建思想类似于自编码器（Auto-Encoder），其本质是通过无监督的方式来学习神经网络，训练完成后输出网络中间的隐层特征，而隐层特征就是我们希望得到的词向量。

神经语言模型本质上是分类模型，首先网络通过 SoftMax 层输出每个位置的全词表分布（即每个位置进行全词表大小的分类），然后取对应位置最大的概率作为输出，并采用交叉熵作为损失函数进行训练。可以看到，神经语言模型的分类类别是全词表大小，而一般词表的大小均在 e^4 以上。这样，网络的参数将会过于庞大，导致整个模型难以收敛。为了解决这个问题，研究人员提出了多项技术，其中包括负采样（negative sampling）技术。

在负采样的过程中，我们先不进行全词表上的参数更新，而只对正样本随机选取的负样本进行采样，然后根据这些采样负样本和正样本计算损失函数，从而更新正样本的参数。

假设词表大小为 V，负采样数量为 k，词向量维度为 dim，则采用 SoftMax 训练最后多层感知机（Multi-Layer Perceptron，MLP）层的参数更新量为 $V \times \text{dim}$，而采用负采样后的参数更新量为 $(k+1) \times \text{dim}$，其中 $k \ll V$。

在负采样后，通常有两种损失函数计算方式。

- sampled softmax loss：将采样词表上的 SoftMax 近似转换为全词表的 SoftMax 计算。

- nce loss：$k+1$ 个二分类的损失和，即对正样本对应的 1 个 Label 和 k 个负样本 Label 分别进行二分类损失计算。

通过负采样与其对应的损失函数，可以大幅提高神经语言模型的训练效率。下面介绍两种神经语言模型。

1）Skip-Gram 模型

Skip-Gram 模型通过中心词预测上下文窗口中的词，基本结构如图 1-2-1 所示。

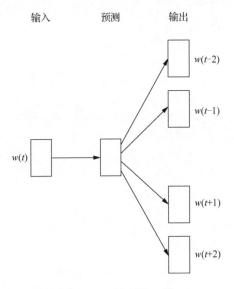

图 1-2-1　Skip-Gram[1]

Skip-Gram 模型接受将处理为单词索引的句子作为输入，经过 Embedding 层将索引转换为对应的词向量（bs,len,dim）。其中，bs 指 batchsize，即分组大小；len 指句子的长度；dim 指词向量的维度。

针对其中的某个中心词样本（1,1,dim），通过 MLP 层转换为隐层张量（1,1,hidden）。假设该中心词的上下文范围为 C 窗口大小，则分别计算中心词隐层张量与 C 个上下文词对应的损失，最终求和作为该中心词的损失，并反向传播回对应的词向量，从而进行词向量的学习与更新。

2）CBOW 模型

与 Skip-Gram 模型相反，CBOW 模型通过上下文中的全部词预测中心词，模型基本结构如图 1-2-2 所示。

CBOW 模型接受将处理为单词索引的句子作为输入，经过 Embedding 层将索引转换为对应的词向量（bs,len,dim）。

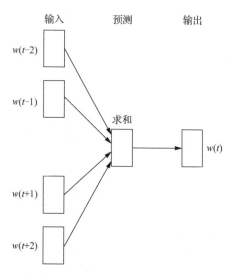

图 1-2-2　CBOW[1]

假设该中心词的上下文范围为 C 窗口大小，针对其中的某个中心词上下文样本 $(1,C,dim)$，通过 MLP 层转换为隐层张量并求和得到 $(1,1,hidden)$。计算上下文求和的隐层张量与中心词对应的损失，并反向传播回对应的 C 个上下文词向量，从而进行词向量的学习与更新。

谷歌于 2013 年发布了提供 Skip-Gram 和 CBOW 训练的 word2vec 工具，用于高效地计算静态词向量，挖掘词之间的关系。

随着深度学习在自然语言处理中的不断发展，另一种预训练语言模型——PLM 模型（Pre-trained Language Model）逐渐成为研究的热点，在后面进行讨论。

2.1.3　自然语言处理中的深度学习

下面介绍自然语言处理中深度学习的几种基本结构：卷积神经网络（Convolutional Neural Networks，CNN）、循环神经网络（Recurrent Neural Networks，RNN）、编码器-解码器（Encoder-Decoder）框架和注意力（Attention）机制。

1. 卷积神经网络

卷积神经网络是一类包含卷积计算单元的神经网络。卷积计算单元通过不断滑动卷积核的位置，对相应数据区域进行加权求和。常见的卷积计算单元有一维卷积 CNN1D、二维卷积 CNN2D 和三维卷积 CNN3D。

在计算机视觉领域中，主要使用的是 CNN2D，即 $k×k$ 的卷积核在二维图像上沿着两个轴进行滑动。与计算机视觉领域中的任务不同，绝大多数自然语言处理的任务都属于序列任务，故数据只有一个轴（即句子长度）。在这种情况下，使用的卷积为 CNN1D。设词向量维度为 dim，卷积核大小为 $k×$dim，卷积核沿着句子方向不断滑动计算，这样，就可以把 CNN1D 看作每一个卷积核提取一组 k-gram 的特征张量，再进行拼接的过程。

利用卷积神经网络进行分本分类的模型为 TextCNN，其结构如图 1-2-3 所示。

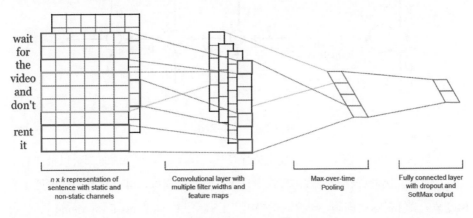

图 1-2-3　TextCNN[2]

首先训练出每个单词的词向量，然后将处理为单词索引的句子作为输入，再经过 Embedding 层转换为对应的特征张量（bs,len,dim），提供给卷积 CNN1D 层，最后 CNN1D 层（假设选取对齐方式）通过在句子长度方向上滑动卷积核来计算特征张量（bs,len,1）。通过使用 k 种卷积核，我们最终先得到 k 组特征张量（bs,len,1），然后对其分别进行最大池化（Max Pooling）之后再拼接，得到池化张量（bs,k,1），再经过几层 MLP 与 SoftMax 层，最终输出类别概率。

CNN1D 对挖掘序列数据在上下文窗口中的信息非常有效，然而，这种方法存在难以在长距离上下文信息中保持信息的缺点。下面我们介绍一种更适合长文本的神经网络结构。

2. 循环神经网络

循环神经网络对序列的每一个位置都进行同样的循环单元计算，每一个循环单元除了要接收该位置的信息，还要接受将上一个循环单元的输出作为输入。通过这种方式，循环神经网络保持了长距离的上下文信息，天然地符合序列任务，因此，其在自然语言处理中得到了非常广泛的应用。

如图 1-2-4 所示，每一个时刻的循环单元都接收当前时刻序列信息并将上一时刻的信息作为输入，计算对应当前时刻的预测概率并将传递给下一时刻的信息作为输出。

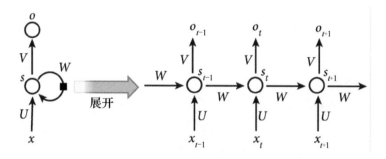

图 1-2-4　简单 RNN[3]

在训练过程中，由于采用了反向传播算法，梯度值在不同的时刻会以乘法的形式进行累积，因此最终会导致出现梯度过大或过小的问题，其又被称为梯度爆炸或梯度消失。针对这些问题，研究人员提出了 LSTM（Long Short Term Memory，长短时记忆）与 GRU（Gated Recurrent Unit，门控循环单元）等结构。

LSTM 是在简单 RNN 的基础上增加了细胞状态（cell state），来直接传递相邻时刻之间的信息，其原理类似于 ResNet 的残差思想。由于在细胞状态下反向传播的梯度不会消失，因此 LSTM 缓解了简单 RNN 梯度消失的问题。同时，LSTM 还引入了采用 Sigmoid 激活的门控机制（遗忘门、输入门与输出门），来分别控制上一时刻的细胞状态、输入信息及输出信息的进一步传递，从而实现对信息的长短期记忆。

GRU 对 LSTM 进行了简化，将细胞状态和隐藏状态合并，将遗忘门与输入门合二为一。相对于 LSTM，GRU 降低了计算复杂度。由于 LSTM 和 GRU 的门控单元使信息经过多次 Sigmoid 激活（导数小于 1），因此减小了梯度爆炸的可能性。而在实践中，一般会进一步采用梯度裁剪（即给定梯度的大小上限）来避免梯度爆炸。

循环神经网络还提供了多对一（文本分类）和多对多（序列标注）任务的基本结构，同时循环神经网络还能够保持长距离信息。然而，有时过长的信息可能不是我们想要的，因此是否能选择性地保留这些信息是下面讨论的问题。

3. 编码器-解码器框架与注意力机制

自然语言处理的主要任务都可以被看作多对多的任务，即序列输入、序列输出的任务（文本分类是序列为 1 的输出）。因此，编码器-解码器框架天然地符合自然语言处理的任务需求。

编码器-解码器框架也被称为 Seq2Seq 模型，其中编码器负责对输入序列进行编码，计算特征张量；解码器接收特征张量，输出目标序列。因此，编码器-解码器框架本质上可以被看作一种条件性的语言模型：

$$P(Y \mid X) = P(y_1 \mid x)P(y_2 \mid y_1, x)\cdots P(y_m \mid y_1, \cdots, y_{m-1}, x)$$

编码器-解码器框架每个时刻的输出结果都受到全部输入序列的约束。图 1-2-5 所示为编码器-解码器框架图。

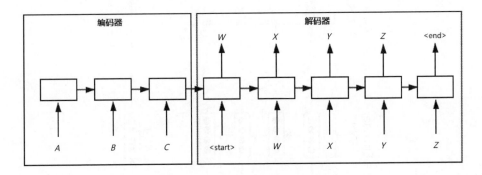

图 1-2-5　编码器-解码器框架

编码器通常采用循环神经网络计算输入序列的隐藏状态（通常保留最后一个隐藏状态），该隐藏状态经过 MLP 层转换后被传递给解码器。

解码器通常也使用循环神经网络，但是其过程比较复杂，我们分别从训练过程与预测过程两方面来看。

- 训练过程：由于在训练过程中我们拥有目标序列，因此，该阶段中的解码器接受将编码器提供的隐藏状态与目标序列对应的词向量作为输入，并输出下一时刻的预测概率。

- 预测过程：由于在预测过程中我们没有目标序列，因此，该阶段中的解码器接受将编码器提供的隐藏状态与解码器上一时刻输出的对应词向量作为输入，并输出下一时刻的预测概率。

前面提到，循环神经网络有时保存了过长的信息，但我们希望能够有选择性地保留这些信息，而注意力机制能够解决这一问题。

如图 1-2-6 所示，注意力机制的原理是首先将编码器的全部隐藏状态（bs,len,dim）与 t 时刻输入解码器的词向量（bs,dim）做矩阵乘法，并在进行 SoftMax 归一化后，得到注意力权重（bs,len）。然后，将注意力权重与编码器的全部隐藏状态（bs,len,dim）再做矩阵乘法，得到上下文向量（bs,dim）。最后，该向量与 t 时刻输入解码器的词向量进行拼接，再被输入解码器的循环神经网络进行训练。

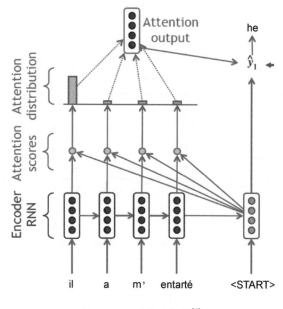

图 1-2-6   注意力机制[4]

通过注意力机制，解码器可以选择性地获得编码器的隐藏状态信息，从而提高训练效率。注意力权重的计算方式除了乘性模型，还有加性模型、线性模型等。

另外，我们可以将注意力机制视为一种查询（Query）键值对（Key,Value）的关系，如图 1-2-7 所示。

在这种描述方式下，注意力机制的计算过程可以被总结为如下步骤。

- $a = \mathrm{SoftMax}\big(\mathrm{score}(Q,K)\big)$：通过查询键值对计算注意力权重。

- $c = \sum_i a_i v_i$：使用注意力权重对值进行加权。

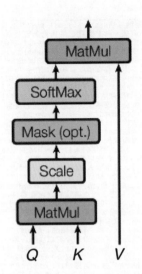

图 1-2-7　键值对注意力机制[5]

在自然语言处理中，注意力机制一般将键值对做等价处理，即 $K=V$。更进一步，如果采用自注意力机制，则有 $Q=K=V$。

以上使用稠密向量计算注意力权重的机制，被统称为软注意力（Soft Attention）机制。与之对应，使用独热编码向量计算注意力权重的机制，被称为硬注意力（Hard Attention）机制。

随着注意力机制的不断完善和发展，谷歌在 *Attention is All You Need* 中提出了全部使用多头注意力（Multi-Head Attention）机制的 Transformer 结构来替换循环神经网络，并在多项任务中取得了突破。谷歌进一步将 Transformer 用于预训练语言模型，并提出了 BERT（Bidirectional Encoder Representations from Transformers）模型。该模型的问世标志着深度学习技术在自然语言处理中的重大突破，后面会深入讨论这种模型结构。

2.2　数据预处理

2.2.1　.txt 文件

.txt 文件是以与糖尿病相关的图书和研究论文作为文献的原始文档。.txt 文件的命名方法为 id+.txt，其中 id 与.ann 标注信息文件的 id 编号一致。图 1-2-8 所示为其中一个.txt 文件的部分内容。

```
1   中国成人2型糖尿病HBA1C‥c控制目标的专家共识
2   目前,2型糖尿病及其并发症已经成为危害公众
3   健康的主要疾病之一,控制血糖是延缓糖尿病进展及
4   其并发症发生的重要措施之一。虽然HBA1C‥。是评价血
5   糖控制水平的公认指标,但应该控制的理想水平即目
6   标值究竟是多少还存在争议。糖尿病控制与并发症试
7   验(DCCT,1993)、熊本(Kumamoto,1995)、英国前瞻性
8   糖尿病研究(UKPDS,1998)等高质量临床研究已经证
9   实,对新诊断的糖尿病患者或病情较轻的患者进行严
10  格的血糖控制会延缓糖尿病微血管病变的发生、发展,
11  其后续研究DCCT-EDIC(2005)、UKPDS—80(2008)还
12  证实早期有效控制血糖对大血管也有保护作用—引。
13  这些研究终点的HBA1C‥。控制在7.5%左右,那么年龄较
14  大、糖尿病病程较长、部分已有心血管病(CVD)或
15  伴CVD极高危因素的糖尿病人群进一步降低血糖,对
16  CVD的影响将会如何?糖尿病患者心血管风险干预
17  研究(ACCORD)、退伍军人糖尿病研究(VADT)和糖
18  尿病与心血管疾病行动研究(ADVANCE)等对该类人
19  群平均5年左右的干预,结果显示强化降糖治疗使
20  HBA1C‥。<6.5%,患者死亡风险和大血管事件发生并无
21  进一步减少,ACCORD甚至表明控制HBA1C‥。水平接近
22  正常值(<6.4%)会增加这类患者死亡率旧引。这些与
23  理论或预期不一致结果产生的原因尚不确定,可能与
24  入组人群差异、低血糖、体重增加、随访时间长短及评
25  估方法等诸多因素有关,但过分苛求血糖正常化可能
26  是主要原因之一。ACCORD、VADT数据分析提示对
27  病程长、有低血糖史、有CVD或合并CVD极高危因素
28  的患者,盲目地进行强化达标治疗,会明显增加低血糖
29  和心血管事件发生。各权威组织推荐的血糖控制目标
30  HBA1C‥。的水平也不尽相同,美国糖尿病协会(ADA)认
31  为一般情况下血糖控制目标值HBA1C‥。<7%归o;国际糖
32  尿病联盟(IDF)、美国内分泌医师协会/美国内分泌协
33  会(AACE/ACE)、英国健康与临床优化研究所
```

图 1-2-8　.txt 文件示例

由此可见,.txt 文件由无分段的多行文本组成,每一行的分割都没有规律。因此,.txt 文件的处理难点主要在于句子的划分方式。

2.2.2　.ann 文件

.ann 文件为.txt 文件对应的标注信息文件,命名方式为 id+.ann。其中,id 与原始文档的 id 对应。本赛题的标注信息存储于.ann 文件中,下面我们分别对初赛和复赛的标注信息进行介绍。

1. 命名实体识别标注

图 1-2-9 所示为.ann 文件中命名实体识别标注信息的一部分。

```
1   T1→Disease·1845·1850——I型糖尿病
2   T2→Disease·1983·1988——I型糖尿病
3   T4→Disease·30·35——II型糖尿病
4   T5→Disease·1822·1827——II型糖尿病
5   T6→Disease·2055·2060——II型糖尿病
6   T7→Disease·2324·2329——II型糖尿病
7   T8→Disease·4325·4330——II型糖尿病
8   T9→Disease·5223·5228——II型糖尿病
9   T10→Disease·5794·5799——II型糖尿病
10  T11→Disease·5842·5847——II型糖尿病
11  T14·Test·89·94→HBA1C
```

图 1-2-9　.ann 文件命名实体信息示例

可知，命名实体识别标注的一行为一条标注，其格式为

T+实体 id　　实体类型　　实体起点　　实体终点　　实体文本

其中，T 表示该行为命名实体标注；实体类型为标注的 15 种实体类型；实体起点至实体终点（不含终点）标注了实体文本在原文中的位置。例如：

T1 Disease 1845 1850　Ⅰ型糖尿病

该命名实体标注表明实体 id 为 1，实体为 Disease 类型，其在原文中出现的位置为[1845, 1850)，对应的文本为Ⅰ型糖尿病。

2. 实体关系标注

.ann 文件实体关系标注位于命名实体信息之后。图 1-2-10 所示为.ann 文件中实体关系标注信息的一部分。

```
389  R1→Test_Disease·Arg1:T369·Arg2:T368
390  R2→Test_Disease·Arg1:T13·Arg2:T25
391  R3→Test_Disease·Arg1:T14·Arg2:T25
392  R4→Test_Disease·Arg1:T3·Arg2:T25
393  R5→Test_Disease·Arg1:T31·Arg2:T33
394  R6→Test_Disease·Arg1:T32·Arg2:T33
395  R7→Test_Disease·Arg1:T15·Arg2:T33
396  R8→Symptom_Disease·Arg1:T34·Arg2:T27
397  R9→Test_Disease·Arg1:T349·Arg2:T27
398  R10→Anatomy_Disease·Arg1:T79·Arg2:T18
```

图 1-2-10　.ann 文件实体关系标注信息示例

由此可知，实体关系标注的一行为一条标注，其格式为

R+关系 id　　关系类型　Arg1:T+实体 id　　Arg2:T+实体 id

其中，R 表示该行为实体关系标注；关系类型为标注的 10 种实体类型；Arg1 和 Arg2 描述构成该关系的两个实体 id 信息。例如：

R1 Test_Disease Arg1:T369 Arg2:T368

该实体关系标注表明 id 为 1，实体关系为 Test_Disease 类型，构成该关系的实体对为（Arg1, Arg2），其中 Arg1 的 id 为 369，Arg2 的 id 为 368。根据这两个 id，我们可以从命名实体信息中获取对应的实体信息。

通过上述分析，可以得知初赛赛题需要解析命名实体识别标注部分，复赛赛题需要对命名实体识别标注和实体关系标注两部分进行解析。

下面介绍如何使用 Python 程序处理.txt 和.ann 文件。

2.2.3 使用 Python 解析文件

1. .txt 文件解析

对于.txt 文件，我们通常直接采用 with open 方式读取：

```
with open(目标文件路径, 'r', encoding='utf-8') as f:
    text = f.read()
    text = f.readlines()
```

使用 with open 方式读取.txt 文件可以有效地避免 IO 错误的出现，并且 with 会自动在最后执行关闭文件的 f.close()操作。其中，read()方法会读取全部内容并将其转换为字符串，readlines()方法会读取全部内容并将其按行存储为 list。

对于获取的字符串数据,还需要采用神经网络训练将它们转换为对应的词嵌入。而当计算词嵌入时，需要根据词表将字符转换为对应的单词索引，主要代码如下：

```
//读取全部.txt 文件
all_w = []
for file in glob('../data/working/train/*.csv') +
glob('../data/working/test/*.csv'):
    all_w += pd.read_csv(file, sep='\t')['word'].tolist()

//统计词频并过滤小于 2 次的字词
word_counts = Counter(w for w in all_w)
vocab = [w for w, f in iter(word_counts.items()) if f >= 2]
```

通过这样的方式，可以先获得词表 vocab，再根据这个词表构建单词索引，如下所示：

```
//word to id
w2i = dict((w, i + 2) for i, w in enumerate(vocab))
w2i['PAD'] = 0
w2i['UNK'] = 1
//id to word
i2w = [w for i,w in enumerate(w2i.keys())]
```

这时，我们就可以方便地将字词转换为索引并计算词嵌入了。

2..ann 文件解析

由于.ann 文件具有固定的格式，因此这里我们选择使用 Pandas 库。Pandas 库是

Python 的核心数据分析支持库，提供了快速、灵活、明确的数据结构，旨在简单、直观地处理关系型、标记型数据。

导入 Pandas 库：

```
pip install pandas==0.25.3
import pandas as pd
```

针对.ann 文件，我们选择使用 read_csv()方法进行格式化读取，如下所示：

```
label = pd.read_csv(目标文件路径, header=None, sep='\t')
```

其中，header=None 表示无表头方式，sep="表示列的划分方法为"。通过这种读取方式，可以获得表格化的.ann 文件数据，如下所示：

T1	Disease 1845 1850	Ⅰ型糖尿病
T2	Disease 1983 1988	Ⅰ型糖尿病
…	…	…
R1	Test_Disease Arg1:T369 Arg2:T368	
R2	Test_Disease Arg1:T13 Arg2:T25	
…	…	

1）命名实体信息标注的格式化解析

对于命名实体信息，我们只需要使用如下方式进行索引即可。

```
label_T = label[label[0].str.startswith('T')]
```

另外，可以为命名实体信息标注设置表头：

```
label_T.columns = ['id','entity','text']
```

并对 entity 信息进行解析划分：

```
label_T['category'] = [e.split()[0] for e in
label_T['entity'].tolist()]
label_T['start'] = [int(e.split()[1]) for e in
label_T['entity'].tolist()]
label_T['end'] = [int(e.split()[-1]) for e in
label_T['entity'].tolist()]
```

这样，就完成了对命名实体信息标注的格式化解析，解析后的结果如下所示：

id	category	start	end	text
T1	Disease	1845	1850	Ⅰ型糖尿病
T2	Disease	1983	1988	Ⅰ型糖尿病

2）实体关系信息标注的格式化解析

同样，对于实体关系信息，我们采用如下方式进行索引。

```
label_R = label[label[0].str.startswith('R')]
```

另外，可以为实体关系信息标注设置表头：

```
label_R.columns = ['id','relation']
```

并对 relation 信息进行解析划分：

```
label_R['category'] = [r.split()[0] for r in
label_R['relation'].tolist()]
label_R['arg1'] = [r.split()[1][5:] for r in
label_R['relation'].tolist()]
label_R['arg2'] = [r.split()[2][5:] for r in
label_R['relation'].tolist()]
```

这样，就完成了对实体关系信息标注的格式化解析，解析后的结果如下所示：

id	category	arg1	arg2
R1	Test_Disease	T369	T368
R2	Test_Disease	T13	T25

至此，我们分别完成了对.txt 和.ann 文件数据的解析。对.txt 文件数据的进一步分词、词性提取和特征提取，将分别在对应的赛题部分进行介绍。

3 初赛赛题——实体识别

3.1 实体识别任务

实体通常可分为以下三类。

- 实体类：包括人名、机构名、地名等。

- 时间类：包括时间、日期等。

- 数字类：包括货币、百分比等。

例如：

小明 早上 8 点 去 学校 上课。

在这句话中，"小明"是人名实体，"早上 8 点"是时间实体，"学校"是地点实体，而"去"和"上课"两个动词属于非实体。

实体识别任务要求识别出给定文本中具有特定意义的实体的边界及所属类别。实体的边界指的是每一个实体在句子中或段落中的起点和终点。

目前，针对英文实体识别任务，可以直接采用斯坦福 NER（Named Entity Recognition，命名实体识别）工具进行分析；针对中文实体识别任务，可以直接采用哈尔滨工业大学的语言云进行分析。

实体识别任务是一个序列标注任务（Sequence Tagging）。在一个典型的序列标注任务中，就是我们提供一个序列作为输入，而模型预测一个序列作为输出。对应到实体识别任务中，就是我们提供一个句子或者一段话作为序列输入，模型输出的是相应字或词的实体类别序列。因此，就需要有一种合适的手段对训练集数据进行标注。下面介绍 BIOES 数据标注方式。

其中，BIOES 中的字母分别代表 Begin/Intermediate/Other/End/Single，即每一个字或字母位于所属实体的开头/中间/非实体/结尾/单独成为一个实体。

例如：

小，明，早，上，8，点，去，学，校，上，课

B-PER，E-PER，B-TIM，I-TIM，I-TIM，E-TIM，O，B-LOC，E-LOC，O，O

在这个例子中，B-PER 标注人名实体"小明"的起点为"小"，E-PER 标注人名实体"小明"的终点为"明"，B-TIM 标注时间实体"早上 8 点"的起点为"早"，连续两个 I-TIM 分别标注时间实体"早上 8 点"的中间部分为"上"与"8"，E-TIM 标注时间实体"早上 8 点"的终点为"点"。

通过 BIOES 标注方式，我们可以获得大量的已标注训练数据，供模型进行学习。

下面我们分别介绍传统机器学习方法和深度学习方法。

3.2 传统机器学习方法

通常来说，传统机器学习方法包括基于规则的方法、聚类方法与监督学习方法。结合赛题，本节主要介绍监督学习中非常典型的概率图模型方法。

3.2.1 概率图模型

概率图模型是使用图来表示随机变量之间相互作用的一种概率模型，其每一个节点代表一个随机变量，每一条边代表随机变量之间的直接关系。概率图模型一般分为有向图模型和无向图模型。

1. 有向图模型

有向图模型又被称为贝叶斯网络（Bayesian Network），图中所有的边都是有向的，即边代表的是随机变量之间的条件概率。

如图 1-3-1 所示，该有向图模型的联合分布概率可以表示为

$$P(X) = P(x_1)P(x_2 \mid x_1)P(x_3 \mid x_2)P(x_4 \mid x_2)P(x_5 \mid x_3, x_4)$$

2. 无向图模型

无向图模型又被称为马尔可夫随机场（Markov Random Field，MRF）模型，图中所有的边都是无向的。因此，与有向图模型不同，无向图模型的联合分布不能通过条件概率计算。

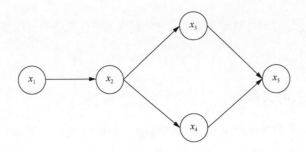

图 1-3-1 有向图模型

首先，进行如下定义。

● 团 C：图中节点的一个子集，且该子集中的点是全链接的。

● 最大团：如果子团无法通过增加一个节点变为更大的团，则该子团就被称为最大团。

● 团势能 ϕ_c：衡量团中变量的每一种可能的联合状态所对应的密切程度（非负）。

无向图模型的联合概率分布定义为归一化的最大团团势能之积：

$$P(x) = \frac{1}{Z} \Pi_c \phi_c(x)$$

其中，$Z = \sum_x \Pi_c \phi_c(x)$ 为归一化函数。

如图 1-3-2 所示，该无向图模型包含的最大团是 (x_1, x_2, x_3) 与 (x_2, x_4, x_5)，因此其联合分布概率可以表示为

$$P(x) = \frac{\Pi_{(x_1,x_2,x_3)} \Pi_{(x_2,x_4,x_5)}}{Z}$$

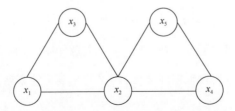

图 1-3-2 无向图模型

通常而言，无向图模型联合概率求解的最大难点在于归一化函数的计算。

下面介绍几种典型的应用于序列标注任务的概率图模型。

3.2.2　隐马尔可夫模型

隐马尔可夫模型（Hidden Markov Model，HMM）是一种生成式有向图模型。其模型结构如图 1-3-3 所示。

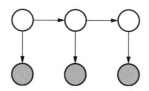

图 1-3-3　隐马尔可夫模型[6]

白色节点表示隐藏状态，即 BIOES 标注序列；灰色节点表示观测，即输入的句子序列；连接节点的边是有向的。

马尔可夫一词源于马尔可夫随机过程：若随机变量 X 在 t 时刻的状态只与前一时刻 $t-1$ 的状态有关，则称该随机变量的变化过程为马尔可夫随机过程。

通过图 1-3-3，我们可以得出隐马尔可夫模型的两个假设。

● 观测独立性假设：任意时刻的观测只依赖于该时刻的状态，与其他无关。

● 一阶马尔可夫假设：任意时刻的状态只依赖于前一时刻的状态，与其他时刻的状态无关。

由于生成式模型的本质是先学习联合概率分布 $P(X,Y)$，再推断 $P(Y\,|\,X)$，因此我们可以将隐马尔可夫模型的联合概率分布写成如下形式：

$$P(X,Y) = P(y_0)\prod_{t=1}^{n}P(y_t\,|\,y_{t-1})P(x_t\,|\,y_t)$$

其中，$P(y_0)$ 为初始概率矩阵，$P(y_t\,|\,y_{t-1})$ 为转移矩阵，$P(x_t\,|\,y_t)$ 为观测矩阵。在序列标注任务中，首先可以根据训练集的输入序列和标注数据，通过极大似然估计这三个矩阵。

● 设由 $t-1$ 时刻状态 i 转移到 t 时刻状态 j 的频数为 A_{ij}，则状态转移概率的估计为

$$a_{ij} = \frac{A_{ij}}{\Sigma_j A_{ij}}$$

● 设状态为 j 且观测为 k 的频数为 B_{jk}，则观测概率的估计为

$$b_{jk} = \frac{B_{jk}}{\Sigma_{k=1} B_{jk}}$$

● 初始概率的估计为初始状态的频率。

然后，由 Viterbi 算法进一步解码求出 $\mathrm{argmax}_y P(y \mid x)$。

Viterbi 算法的本质：对于给定的观测序列，寻找概率最大的隐藏状态序列，该问题可视为在有向无环图中寻找一条最大路径，如图 1-3-4 所示。

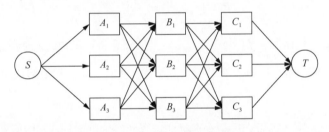

图 1-3-4　寻找 S->T 最大路径

通常采用动态规划的思想来求解最大路径的问题，即遍历 $t-1$ 时刻状态 k 转移到 t 时刻状态 j 的概率并取最大值，转移方程为

$$D_{t,j} = \max(D_{t,j}, D_{t-1,k} + \theta_{kj})$$

其中，θ_{kj} 为状态 k 转移到状态 j 的概率。

由于计算方便快捷，隐马尔可夫模型常用于分词任务，如 Jieba 分词。然而，受一阶马尔可夫假设所限，隐马尔可夫模型的表达能力有限，为此需要采用另一种有向图模型，即最大熵马尔可夫模型（Maximum Entropy Markov Models，MEMM）。

3.2.3　最大熵马尔可夫模型

最大熵马尔可夫模型是一种判别式有向图模型，其模型结构如图 1-3-5 所示。

白色和灰色节点代表的意义与隐马尔可夫模型的相同，不同之处在于观测和隐藏状态之间的依赖关系与隐马尔可夫模型的相反。

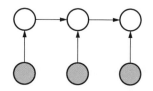

图 1-3-5　最大熵马尔可夫模型

由于判别式模型的本质是学习条件概率分布 $P(Y|X)$，因此可以将最大熵马尔可夫模型的条件概率分布写成如下形式：

$$P(Y|X) = \Pi_t P(y_t | y_{t-1}, x_t)$$

其中，$P(y_t | y_{t-1}, x_t)$ 采用最大熵模型直接建模：

$$P(y_t | y_{t-1}, x_t) = \frac{1}{Z} e^{\Sigma \lambda f(x,y)}$$

其中，Z 为归一化函数；$f(x,y)$ 为人工定义的任意特征函数；λ 为该特征函数的权重，是待学习的参数，可以先通过极大似然估计进行学习，然后通过 Viterbi 算法进一步解码。

然而，最大熵马尔可夫模型存在标注偏置（Labeling Bias）的问题。我们注意到，由于归一化函数是在累乘内部的，是一种局部的归一化，因此，每次的状态转移都会倾向于选择拥有更少转移的状态。为了解决这个问题，人们提出了条件随机场（Conditional Random Field，CRF）模型。

3.2.4　条件随机场模型

条件随机场模型是一种判别式无向图模型，其中线性链式条件随机场模型的结构如图 1-3-6 所示。

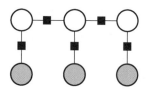

图 1-3-6　线性链式条件随机场模型[6]

白色和灰色节点代表的意义与隐马尔可夫模型的相同，不同之处在于连接节点的边是无向的。因此，线性链式条件随机场模型中不存在隐马尔可夫模型的一阶马尔可夫假设。

由于判别式模型的本质是学习条件概率分布 $P(Y\mid X)$，因此根据无向图模型分布的定义，我们可以将条件随机场模型的条件概率分布写成如下形式：

$$P(Y\mid X)=\frac{1}{Z}\Pi_c\phi_c\left(y_c\mid x\right)$$

$$\phi_c\left(y_c\mid x\right)=\mathrm{e}^{\Sigma_k\lambda_k f_k\left(y_t,y_{t-1},x_t\right)+\mu_k s_k\left(y_t,x_t\right)}$$

$$Z=\Sigma_y\Pi_c\phi_c\left(y_c\mid x\right)$$

其中，$\phi_c\left(y_c\mid x\right)$ 为线性链式条件随机场中的团势函数（最大团为 $\{y_t,x_t\}$）；Z 为归一化函数；转移特征 $f_k\left(y_t,y_{t-1},x_t\right)$ 和状态特征 $s_k\left(y_t,x_t\right)$ 为人工定义的特征函数；λ 与 μ 为权重，是待学习的参数。同样，我们可以先通过极大似然估计学习模型参数，然后通过 Viterbi 算法进一步解码。

与最大熵马尔可夫模型不同，由于线性链式条件随机场模型的归一化函数 Z 是全局归一化函数，因此避免了标注偏置问题。

由于线性链式条件随机场模型舍弃了隐马尔可夫模型的假设并避免了标注偏置问题，因此表达能力更强，通常用于实体识别等各种序列标注任务，常用的工具有 CRF++。

传统机器学习方法计算方便快捷，在此类序列标注问题中得到了广泛的应用。为了进一步提高准确率，人们开始研究将深度学习方法应用于序列标注中，并取得了重大突破。

3.3 深度学习方法

随着算力的发展，计算大规模训练数据成为可能，神经网络也再次受到人们的关注。其中，循环神经网络在序列表达能力上表现突出，被广泛地应用于自然语言处理任务。下面我们来介绍几种基于深度学习的实体识别方法。

3.3.1 双向循环神经网络

与普通的循环神经网络从前到后依次计算不同，双向循环神经网络（BiRNN，包括 BiLSTM 与 BiGRU 等）通常先采用正向与反向两个循环神经网络，其中正向循环网络负责从前到后计算，反向循环网络负责从后往前计算，然后将两个网络的输出采用一定的方式进行叠加（通常有直接相加、拼接等方式）。这样，双向循环神经网络可以在任意时刻获取前后的信息，能够获得比单向循环神经网络更强的表达。

如图 1-3-7 所示，针对实体识别任务，我们首先训练出每个单词的词向量，将处理为单词索引的句子作为输入，经过 Embedding 层转换为对应的特征张量（bs,len,dim），并提供给 BiLSTM 层。然后 BiLSTM 层接受将这个张量作为输入，叠加正反两个循环神经网络，并计算序列输出张量（bs,len,hidden），该输出张量进一步通过 SoftMax 层计算得到输出概率（bs,len,1）。最后通过这个概率与利用 BIOES 等方式标注好的标签来计算交叉熵损失，并将其反向传播回网络，从而进行网络参数的迭代更新。

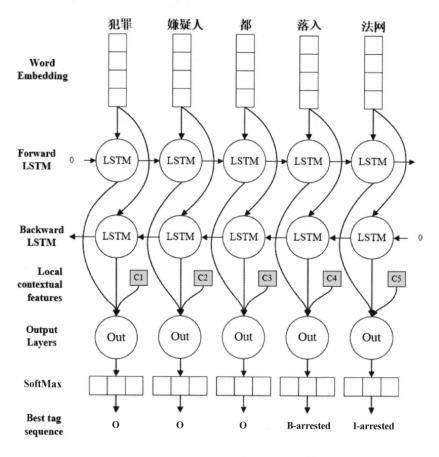

图 1-3-7　BiLSTM 用于命名实体识别[7]

使用双向循环神经网络进行实体识别，既可以避免人工构造大量特征，也可以获得更好的非线性表达效果。

然而，直接使用 BiLSTM 模型预测会出现一个不曾在条件随机场模型中出现的问题：预测序列有可能存在—B—B—的形式，比如，

小，明，早，上，8，点，去，学，校，上，课

B-PER，E-PER，B -TIM，B -TIM，I-TIM，E-TIM，O，B-LOC，E-LOC，O，O

显然，连续两个 B 的预测是不对的。在条件随机场模型中，通过构造特征（在 CRF++ 等工具中构造特征模板）学习到的转移特征函数 $f_k\left(y_t, y_{t-1}, x_t\right)$ 包含前后两个时刻的标注信息。而直接使用 BiLSTM 模型相当于只有状态特征 $s_k\left(y_t, x_t\right)$，即预测的前后两个标注是相互独立的。显然，条件随机场模型能够有效避免一些低级错误。下面介绍一种能够结合两种模型优点的方法。

3.3.2　双向循环神经网络+条件随机场模型

下面先采用 BiLSTM 模型计算特征,然后采用条件随机场模型学习转移函数和状态函数。模型结构如图 1-3-8 所示。

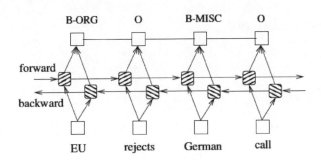

图 1-3-8　BiLSTM+CRF[8]

与 BiLSTM 模型相比，BiLSTM+CRF 模型的不同之处在于使用 CRF 层替换了之前的 SoftMax 层。SoftMax 层计算每个字或词的独立的概率输出，而 CRF 层采用极大似然估计来计算负对数似然概率（$-\log P$）。由于负对数似然概率与交叉熵损失本质上是一样的，因此直接采用网络参数迭代与更新即可完成训练。而在模型预测时，CRF 层采用 Viterbi 算法进行解码输出。

BiLSTM+CRF 模型既具有 BiLSTM 模型自动构建输入数据特征与双向表达的优点，又具有 CRF 模型能够充分学习到标注之间信息的优点，因此能够更好地完成序列标注任务。在通常情况下，BiLSTM＋CRF 模型能够取得令人满意的效果。

3.4　初赛方案

针对赛题数据，下面分别从数据处理、特征工程、模型构建三个方面来介绍初赛方案。本赛题中的主要依赖包版本号如下所示：

- tensorflow 1.12.3

- keras 2.2.4

- sklearn 0.24.1

- cnradical 0.1.0

- numpy 1.16.0

- pandas 0.25.3

- tqdm 4.39.0

- keras-self-attention 0.49.0

- jieba 0.42.1

3.4.1　数据集构建

由于在前面已经对.txt 文件与.ann 文件使用 Python 脚本进行了格式化处理，因此下面主要介绍训练集与验证集的构建方法。

1. 数据 Label 构建

现在，我们需要使用前文介绍的 BIO 标注方法为.txt 文件中的每一个字找到与.ann 文件中相对应的实体标注。首先，根据原始文本长度构建一个全部为 O 标注的列表 tag_list。

```
tag_list = ['O' for s in texts for x in s]
```

然后，遍历使用 pd.read_csv()方法读取的.ann 文件中的实体表格，并为表格中的每一条实体分别标注它们的起点 B 与中间 I。

```
tag = pd.read_csv(ann 文件路径, header=None, sep='\t')
for i in range(tag.shape[0]):
    tag_item = tag.iloc[i][1].split(' ')
    cls, start, end = tag_item[0], int(tag_item[1]), int(tag_item[-1])

    tag_list[start] = 'B-' + cls
    for j in range(start + 1, end):
            tag_list[j] = 'I-' + cls
```

这样，就完成了对.txt 文件中的每一个字进行 BIO 标注，标注存储于 tag_list 中。

由于每个.txt 文件和对应的.ann 文件都需要进行处理，因此我们可以利用 Python 提供的 multiprocessing 库，并采用多进程的方式进行并行处理。

```
def process_text(idx, target_dir='train', split_method=None):
    // 处理.txt 文件和对应的.ann 文件

import multiprocessing as mp

num_worker = mp.cpu_count()
pool = mp.Pool(num_worker)
results = []
//获取文件 id
ids = set([x.split('.')[0] for x in os.listdir('../data/train/')])
for idx in ids:
    result = pool.apply_async(process_text,
args=(idx,'train',split_method))
    results.append(result)

pool.close()
pool.join()
[r.get() for r in tqdm(results)]
```

2. 数据划分方法

下面划分训练集与验证集。

与传统任务不同，由于本赛题数据由多个文件构成，因此，为了避免数据泄露，我们根据文件 id 来划分训练集与验证集。其主要代码如下：

```
//获取全部文件 id
tr_files = np.array(list(sorted([file.split('/')[-1][:-4] for file in
glob('../data/working/train/*.csv')])))
//对文件 id 采用五折划分
folds =
KFold(n_splits=cfg['num_fold'],shuffle=True,random_state=666)
    for n_fold, (tr_idx, val_idx) in enumerate(folds.split(tr_files)):
    print(n_fold,'------------------')
    //根据划分好的训练集文件 id 与验证集文件 id，分别读取数据
    tr_data = get_data(tr_files[tr_idx])
    val_data = get_data(tr_files[val_idx])
```

通过这种方式划分训练集与验证集，可以在一定程度上避免出现将全部数据合并划分导致的数据泄露问题。

3.4.2　特征工程

为了更好地利用数据，我们尝试构建了如下几种特征。

1. 词性特征

词性特征采用 Jieba 分词库来构建，其可以从 pypi.org 站点中找到。首先安装 Jieba 分词库：

```
pip install jieba==0.42.1
```

安装完成后，直接在 Python 脚本中使用如下代码导入 Jieba 分词库：

```
import jieba
```

然后采用 jieba.posseg.cut()方法获取分词与词性：

```
word_flags = []
//遍历按行读取的文件
for text in texts:
    //分词
    for word, flag in jieba.posseg.cut(text):
        word_flags += [flag] * len(word)
```

通过上述方式，将每个词的词性保存在 word_flags 列表中。word_flags 列表的长度为原始文本字符串的长度。

2. 词边界特征

与词性特征类似，我们采用 Jieba 分词为每个词的边界进行类似实体的 BIES标注。

```
word_flags = []
word_bounds = ['I' for s in texts for x in s]
//遍历按行读取的文件
for text in texts:
    //分词
    for word, flag in jieba.posseg.cut(text):
        //词长度为 1，标注为 S
        if len(word) == 1:
            start = len(word_flags)
            word_bounds[start] = 'S'
            word_flags.append(flag)
        //词长度大于 1，标注为 BIE
        else:
            start = len(word_flags)
            word_bounds[start] = 'B'
            word_flags += [flag] * len(word)
            end = len(word_flags) - 1
            word_bounds[end] = 'E'
```

通过上述方式，将每个词的词性保存在 word_bounds 列表中。word_bounds 列表的长度为原始文本字符串的长度。

3.4.3　模型构建

下面介绍使用 Keras 来构建和训练模型。

1. 模型基本架构

首先，采用 BiLSTM+CRF 的方式构建模型，代码如下：

```
//构建文本输入
x_in = Input((cfg['maxlen'],), name='word')
//对输入的文本 id 序列进行词嵌入计算
x = Embedding(cfg['vocab'], cfg['word_dim'], trainable=True,
name='emb')(x_in)
//双层 BiLSTM 结构，采用双向求和模式
x = Bidirectional(LSTM(cfg['unit1'], return_sequences=True,
```

```
name='LSTM1'), merge_mode='sum')(x)
x = Bidirectional(LSTM(cfg['unit2'], return_sequences=True,
name='LSTM2'), merge_mode='sum')(x)
//导入CRF层并计算输出
crf = CRF(cfg['num_tags'], sparse_target=True,name='crf')
output = crf(x)
//构建Keras模型
model = Model(inputs=x_in, outputs=[output])
```

这是一个非常简单的模型，下面来对其进行优化。

2. CuDNN

由于 LSTM 和 GRU 层的计算速度比较慢，因此我们将其替换为在 GPU 上优化过的 CuDNNLSTM 与 CuDNNGRU 层。CuDNN 层仅支持在 GPU 上运行。代码如下：

```
x = Bidirectional(CuDNNLSTM(cfg['unit1'], return_sequences=True,
name='LSTM1'), merge_mode='sum')(x)
x = Bidirectional(CuDNNLSTM(cfg['unit2'], return_sequences=True,
name='LSTM2'), merge_mode='sum')(x)
```

然而，单纯的替换会造成精度大幅下降。其原因在于，在一个 batchsize 的数据中，我们通常先采用填充（padding）的方式将数据进行对齐，然后在后续的层中使用 mask 矩阵将填充的部分排除掉。Keras 模型中的大多数层都支持自动计算 mask 矩阵的操作，但是当采用 CuDNNLSTM 与 CuDNNGRU 层时，无法自动计算 mask 矩阵。针对此问题，我们通常采用手动计算 mask 矩阵的方式来规避误差，代码如下：

```
//构建文本输入
x_in = Input((cfg['maxlen'],), name='word')
//计算mask，由于我们预设了PAD词id为0，因此只需取出词id大于0的即可
mask = Lambda(lambda x: K.cast(K.greater(x, 0), 'float32'))(x_in)

//对输入的文本id序列进行词嵌入计算
x = Embedding(cfg['vocab'], cfg['word_dim'], trainable=True,
name='emb')(x_in)

x = Bidirectional(CuDNNLSTM(cfg['unit1'], return_sequences=True,
name='LSTM1'), merge_mode='sum')(x)
//对输出结果使用mask矩阵去除填充
```

```
x = Lambda(lambda x: x[0] * K.expand_dims(x[1], axis=-1))([x, mask])

x = Bidirectional(CuDNNLSTM(cfg['unit2'], return_sequences=True,
name='LSTM2'), merge_mode='sum')(x)
//对输出结果使用mask矩阵去除填充
x = Lambda(lambda x: x[0] * K.expand_dims(x[1], axis=-1))([x, mask])
```

通过手动计算 mask 的方法，可以顺利地使用 CuDNNLSTM 与 CuDNNGRU 层，大幅提高训练速度。

3. SpatialDropout1D

SpatialDropout1D 层是 Dropout 层的一种变形。Dropout 层是将随机选取的某些维度的部分元素置零，而 SpatialDropout1D 层则是从全部维度中随机选取部分维度并全部置零。相对于 Dropout 层，SpatialDropout1D 层在 NLP 中的效果更明显，可以更有效地抗衡过拟合，如图 1-3-9 所示。

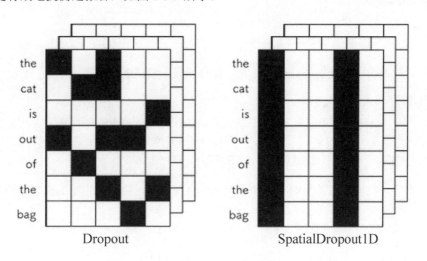

图 1-3-9　普通的 Dropout 和 SpatialDropout1D[9]

其使用方式如下：

```
//对输入的文本id序列进行词嵌入计算
x = Embedding(cfg['vocab'], cfg['word_dim'], trainable=True,
name='emb')(x_in)
x = SpatialDropout1D(0.2)(x)

x = Bidirectional(CuDNNLSTM(cfg['unit1'], return_sequences=True,
```

```
name='LSTM1'), merge_mode='sum')(x)
//对输出结果使用 mask 矩阵去除填充
x = Lambda(lambda x: x[0] * K.expand_dims(x[1], axis=-1))([x, mask])
x = SpatialDropout1D(0.3)(x)

x = Bidirectional(CuDNNLSTM(cfg['unit2'], return_sequences=True,
name='LSTM2'), merge_mode='sum')(x)
//对输出结果使用 mask 矩阵去除填充
x = Lambda(lambda x: x[0] * K.expand_dims(x[1], axis=-1))([x, mask])
x = SpatialDropout1D(0.3)(x)
```

使用 SpatialDropout1D 替换 Dropout，通常能在指标上带来一定程度的提升。

4. 载入特征

下面将特征融入当前模型中，特征载入代码如下：

```
//构建特征输入
pos_tag_in = Input((cfg['maxlen'],), name='pos_tag')
bound_in = Input((cfg['maxlen'],), name='bound')
```

对载入的特征分别进行嵌入计算，并与词嵌入结果进行拼接。

```
//计算特征嵌入并拼接
pos_tag = Embedding(cfg['num_pg'], 16, name='embpos')(pos_tag_in)
bound = Embedding(cfg['num_bound'], 4, name='embbound')(bound_in)
x = concatenate([pos_tag, x, bound], axis=-1)
```

这样，我们就将计算的特征和词嵌入结合在一起，构成了完整的模型。模型完整的代码如下：

```
//构建文本输入
x_in = Input((cfg['maxlen'],), name='word')
//构建特征输入
pos_tag_in = Input((cfg['maxlen'],), name='pos_tag')
bound_in = Input((cfg['maxlen'],), name='bound')

//计算 mask，由于预设了 PAD 词 id 为 0，因此只需取出词 id 大于 0 的即可
mask = Lambda(lambda x: K.cast(K.greater(x, 0), 'float32'))(x_in)

//对输入的文本 id 序列进行词嵌入计算
x = Embedding(cfg['vocab'], cfg['word_dim'], trainable=True,
```

```
name='emb')(x_in)
x = SpatialDropout1D(0.2)(x)
```

```
//计算特征嵌入并拼接
pos_tag = Embedding(cfg['num_pg'], 16, name='embpos')(pos_tag_in)
bound = Embedding(cfg['num_bound'], 4, name='embbound')(bound_in)
x = concatenate([pos_tag, x, bound], axis=-1)
//对输出结果使用mask矩阵去除填充
x = Lambda(lambda x: x[0] * K.expand_dims(x[1], axis=-1))([x, mask])
```

```
x = Bidirectional(CuDNNLSTM(cfg['unit1'], return_sequences=True,
name='LSTM1'), merge_mode='sum')(x)
//对输出结果使用mask矩阵去除填充
x = Lambda(lambda x: x[0] * K.expand_dims(x[1], axis=-1))([x, mask])
x = SpatialDropout1D(0.3)(x)
```

```
x = Bidirectional(CuDNNLSTM(cfg['unit2'], return_sequences=True,
name='LSTM2'), merge_mode='sum')(x)
//对输出结果使用mask矩阵去除填充
x = Lambda(lambda x: x[0] * K.expand_dims(x[1], axis=-1))([x, mask])
x = SpatialDropout1D(0.3)(x)
```

```
//导入CRF层并计算输出
crf = CRF(cfg['num_tags'], sparse_target=True,name='crf')
output = crf(x)
//构建Keras模型
model = Model(inputs=x_in, outputs=[output])
```

5. 预测中间句

由于.txt 原始文件的行划分完全没有规律，按行读取的句子边界十分混乱，这对模型精度会造成很大的影响，因此，我们采取每次输入三句，但只对中间句子进行评估的方式进行训练。其主要代码如下：

```
//dataset以字典的形式存储某文件的Word、特征等信息
result[file_id] = {k: [] for k in dataset.keys()}
result[file_id]['index'] = []
//填充为1
start = padding
end = num_data + padding
```

```
for i in range(start, end):
    //分别计算上中下每一行的长度
    seq_len = [len(seq) for seq in dataset['word'][i-padding:
i+padding+1]]
    b = sum(seq_len[:padding])//中间行的起点
    e = sum(seq_len[:padding + 1])//中间行的终点
    result[file_id]['index'].append((b, e))//结果中的index用于标记中间
行的范围
    //在结果中,对dataset中的信息补充其上一行与下一行的对应信息
    for k,v in dataset.items():
        temp = []
        for item in v[i-padding: i+padding+1]:
            temp += item
        if len(temp) > maxlen:
            maxlen = len(temp)
        result[file_id][k].append(temp)
```

在模型训练时,正常加载三句数据进行训练,但在使用验证集计算指标时,根据 index 只采用中间句的预测结果进行计算。在模型预测时,同样正常加载三句数据进行预测,但根据 index 每一次都只将中间句的预测结果作为最终输出结果。

针对初赛赛题,我们采用了上述方法对 BiLSTM+CRF 模型进行不断优化,最终在训练效率与 F1 指标上都得到了大幅提升。

4 复赛赛题——关系抽取

4.1 关系抽取任务

信息抽取（Information Extraction）是自然语言处理中的一个重要领域，其目的是从无结构化的文本数据中抽取结构化的数据。关系抽取（Relation Extraction）作为信息抽取中的一项关键任务，注重抽取实体之间的关系。在关系抽取任务中，我们常常使用由实体和实体之间的关系组成的三元组数据来描述无结构化的知识。

具体而言，关系抽取任务要求识别出文本中给定的一对实体之间的关系。因此，有时我们又将关系抽取称为关系分类。这种实体之间的类别通常都是由领域专家预先定义好的。

例如：

乔布斯与斯蒂夫·沃兹尼亚克在自家的车房里成立了苹果公司。

其中，给定的实体对为（乔布斯，苹果公司），识别出"乔布斯"与"苹果公司"之间的关系是"创办"（"创办"这一关系预先被定义好）。

从例子中我们可以看出，关系抽取任务本质上仍是在做文本分类，只不过是在传统的文本分类中加上了给定实体对这样的限制。下面我们分别介绍用于关系抽取的传统方法与深度学习方法。

4.2 传统方法

关系抽取的传统方法主要是通过人工构造一些规则、特征来进行抽取或者模型构建，主要分为基于模板的抽取、基于依存句法的抽取和基于统计机器学习的抽取。

4.2.1 基于模板的抽取

基于模板的抽取方法主要是先通过人工对给定的关系进行分析，并制定相应的规则模板，然后根据这些模板，在句子中进行匹配从而抽取出三元组。

例如，给定"妻子"这一关系（X 的妻子是 Y），根据经验构建如下几条规则：

- X 的妻子/爱人/老婆是 Y。

- X 娶了 Y。

- Y 嫁给了 X。

给定文本"2015 年小李在英国嫁给了小王"与实体对（小王，小李），根据第三种规则"Y 嫁给了 X"，我们可以匹配得到（小王，妻子，小李）三元组，从而完成一次基于模板的关系抽取。

基于模板的抽取非常简单，缺点是对每一个类别都要预先构建大量的规则模板，并且在保证准确率的情况下，通常召回率偏低。

4.2.2　基于依存句法的抽取

依存句法通过构建单词之间的依存关系来表达语法。如果一个单词修饰另一个单词，则称该单词依赖于另一个单词。例如，采用哈尔滨工业大学语言云处理所得的依存句法图，如图 1-4-1 所示。

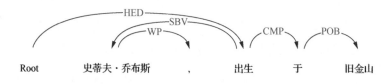

图 1-4-1　依存句法分析

从图 1-4-1 中我们可以看出，依存句法分析描述了单词之间的丰富的修饰关系，而我们可以利用这些修饰关系制定一些通用的规则。

关系抽取的目的是抽取三元组，而一个典型的三元组是（主语，谓语，宾语），其中谓语就是关系抽取中所要抽取的关系。我们使用依存句法分析能够得到单词之间的"主谓关系"与"动宾关系"，于是可以构建如下的通用规则：

- A——"主谓"——B B——"动宾"——C：抽取（主语 A，谓语 B，宾语 C）。

给定文本"史蒂夫·乔布斯，出生于旧金山"，通过依存句法分析可以得到如下结果：

- 史蒂夫·乔布斯——"主谓关系"——出生于

- 出生于——"动宾关系"——旧金山

结合我们的规则可以直接抽取出（史蒂夫·乔布斯，出生于，旧金山），从而完成一次基于依存句法的抽取。

通过依存句法分析，可以避免对每个关系逐一构建规则模板，从而提高了效率，但是这种方法仍旧受到规则模板的约束。

4.2.3　基于统计机器学习的抽取

与上述使用规则模板的方法不同，统计机器学习的方法不仅减少了人工工作量，而且得到了更好的召回率。

统计机器学习的方法需要为给定的实体对构建特征并进行标注，从而构建训练集。统计机器学习模型（如支持向量机）接受将这些特征作为输入，输出关系类别概率，并与标注对比计算损失，从而进行训练。

关系抽取的特征工程一般主要考虑以下几个方面：

- 实体特征：包括实体类型、实体距离等。

- 单词特征：包括实体起止字、词，实体前后字、词，词性等。

- 句法特征：包括依存关系、短语结构等。

在构造训练集时，除了构造已知的关系，还需要对数据采样构造负样本，即不存在关系的实体对。由于负样本和正样本的数量之间难以平衡，因此为了降低学习难度，有时我们会采用两个模型：第一个模型为二分类，负责识别实体对之间是否有关系；第二个模型为多分类，负责识别有关系的实体之间的关系分类。

统计机器学习的方法在很大程度上提高了抽取效率，降低了人工成本。但是，大量构建特征工程也不是我们所希望的。

4.3　深度学习方法

　　由于关系抽取任务本质上还是带实体约束的文本分类，因此在深度学习模型的选择上会更加灵活。

4.3.1　监督学习

　　文本分类监督学习最典型的模型即前面介绍过的 TextCNN。下面介绍关系预测任务中一种基于 TextCNN 改造的监督学习模型。

　　PCNN（Piecewise Convolutional Neural Networks，分段卷积神经网络）模型是一项非常经典的工作，其网络结构如图 1-4-2 所示。

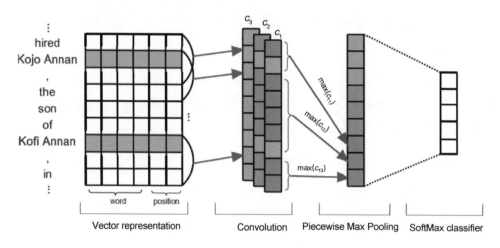

图 1-4-2　PCNN 模型[10]

　　与 TextCNN 相同，在 PCNN 中，我们首先训练出每个单词的词向量，然后将处理为单词索引的句子作为输入，并经过 Embedding 层转换为对应的张量（bs,len,dim），提供给 CNN1D 层。CNN1D 层（假设选取对齐方式）通过在句子长度方向上滑动卷积核计算特征张量（bs,len,1），故我们通过使用 k 种卷积核最终得到 k 组特征张量（bs,len,1）。

　　与 TextCNN 不同，PCNN 记录了句子中的每个实体对的位置起止中位数（bs,2）。在得到 k 组特征张量（bs,len,1）后，按照两个实体位置对每一个特征张量进行截断，变为 3 段（Piece），每一段都经过最大池化后再拼接。通过这种方式，k 组特征张量

（bs,len,1）转换为 k 组截断池化张量（bs,3），然后将它们压平为（bs,3k）的池化张量，再经过几层 MLP 与 SoftMax 层，最终输出类别概率。

将特征张量按实体位置截断为 3 段的方式有效地利用了实体信息，使得简单改造后的 TextCNN 方法能够很好地适应关系抽取任务。

由于正样本需要大量的人工标注，导致大规模监督学习的成本很高，因此，寻找一种方式以缓解因正样本过少带来的问题，是我们接下来几节的主要内容。

4.3.2　半监督学习

下面介绍三种半监督学习的方法，来进行正样本数据增强。

1. Bootstrap

Bootstrap 方法很简单，就是不断地将预测出来的结果当作标注放回训练集，再进一步训练。

- 在原训练集基础上训练模型。

- 使用模型对未标注数据进行预测。

- 将未标注数据和预测结果放回训练集，并重复上述过程。

这种方法降低了构建数据集的成本，但是，模型中错误预测的结果会不断累积误差，导致准确率下降。

2. 远程监督

远程监督（Distant Supervision）做出以下假设：

如果知识库中存在某个实体对的某种关系，那么所有包含此对实体的数据都表达这个关系。

例如，假设给定（中国，首都，北京），那么所有出现（中国，北京）的句子都描述"首都"这一关系。

通过远程监督，我们可以方便快捷地获取大量标注数据，使模型能够学习到更加充分的信息。

但是这一假设有时候也存在错误，例如：

- 乔布斯与斯蒂夫·沃兹尼亚克在自家的车房里成立了苹果。

- 乔布斯吃了一个苹果。

显然，我们不能把上述两句话中的（乔布斯，苹果）之间的关系视为同一种关系。

3. 多示例学习

为了避免出现远程监督中错误的标注问题，需要对远程监督的假设做一些改进。

如果知识库中存在某个实体对的某种关系，那么包含该实体对的数据中，至少有一个句子表达这个关系。

新的假设恰好符合多示例学习（Multiple Instance Learning，MIL）的基本逻辑。与普通监督学习对单个样本数据进行学习不同，多示例学习的基本单位为包（Bag），一个包中包含多个示例（即样本），并且对包的标签做出如下定义。

- 如果一个包中存在一个示例为正样本，那么整个包为正样本 。

- 如果一个包中全部示例为负样本，那么整个包为负样本。

多示例学习是对包进行学习，即对包进行分类、回归。例如，如果我们将一段视频视为一个包，视频中的每一帧图像为一个示例，则只要视频中出现过"汽车"，即只要视频中有一帧出现过"汽车"，我们就认为这段视频的标签为"汽车"。如果视频中没有"汽车"，则说明视频中的每一帧都不存在"汽车"。这就是多示例学习的基本逻辑。

根据多示例学习，我们先将一组包含同一实体对的句子组成一个包，然后对包打标签，从而构建多示例学习的训练集。

我们可以使用 PCNN+Attention 的方式进行多示例学习，该机制的结构如图 1-4-3 所示。

与 PCNN 模型一样，多示例学习对包中的每个句子 x，都使用基本的 PCNN 模型计算得到（$3k,1$）的池化张量。由于包中共享一组实体对，因此首先计算实体对特征张量（dim,1）（可以取差值或者更丰富的交互），然后将池化张量与实体对特征张量分别输入 Attention 层，通过注意力机制计算上下文权重，并利用该权重与包中所有句子的池化张量来计算包特征，再经过 MLP 层与 SoftMax 层，最终输出包类别概率。

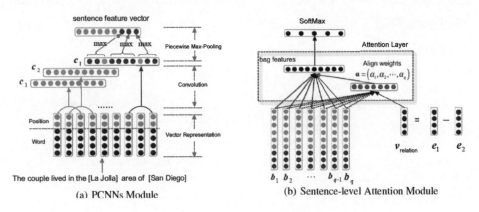

图 1-4-3　句子级别注意力[11]

多示例学习与注意力机制的结合显著提升了工作效率。

4.4　复赛方案

4.4.1　数据集构建

根据前面得到的.ann 文件中的实体关系信息：

id	category	arg1	arg2
R1	Test_Disease	T369	T368
R2	Test_Disease	T13	T25

以及将.txt 文件全部读取为字符串的方法：

```
with open(目标文件路径, 'r', encoding='utf-8') as f:
    texts = f.read()
```

可知，.ann 文件已经为我们提供了一定量的实体关系三元组作为正样本。结合.txt 原始文档，为了提高数据利用率及构建足够的负样本，这里采用远程监督的方式来构建数据集。

1. 远程监督

结合远程监督的假设，我们需要在文档中遍历关系类型，如 Test_Disease 关系，来抽取全部 Test 实体与 Disease 实体，并两两组合成三元组。若某个三元组在.ann 文件中已标注存在，则将该三元组设为正样本，否则为负样本。其主要代码如下：

```
//关系列表
relation = set([
    'Test_Disease',
    'Symptom_Disease',
    'Treatment_Disease',
    'Drug_Disease',
    'Anatomy_Disease',
    'Frequency_Drug',
    'Duration_Drug',
    'Amount_Drug',
    'Method_Drug',
    'SideEff_Drug'
])
//遍历全部关系，并将远程监督三元组存储于 datasets 中
datasets = []
for r in tqdm(relation):
    c1,c2 = r.split('_')
    //label_T 为.ann 文件的实体信息
    e1_data = label_T[label_T['category']==c1] //c1 类型全部实体
    e2_data = label_T[label_T['category']==c2] //c2 类型全部实体
    //实体两两组合成三元组
    for i,e1 in e1_data.iterrows():
        for j,e2 in e2_data.iterrows():
            begin = min(e1['start'], e2['start'])
            end = max(e1['end'], e2['end'])
            sentence = clean(texts[begin:end])
            datasets.append([
                e1['id'],
                e2['id'],
                e1['category'] + '_' + e2['category'],
                -1, //label
                sentence,
                ])
//label_R 为.ann 文件的实体关系信息
```

```
label_R = set((r['arg1'],r['arg2']) for r in label_R)
for i in range(len(datasets)):
    //若三元组为.ann 文件标注的实体关系，则将其设为正样本，否则为负样本
    if tuple(datasets[i][:2]) in label_R:
        datasets[i][3] = 1
    else:
        datasets[i][3] = 0
```

通过上述方式，我们构建了远程监督下的数据集，但是由于采用实体两两组合的方式合成三元组，导致数据集中存在大量的负样本，因此，我们需要对负样本进行筛选。

2. 负样本筛选

由于对实体进行暴力组合会导致出现非常长的句子，这会严重影响训练效率，因此，需要在两两组合时对实体距离进行筛选。

```
//实体两两组合成三元组
for i,e1 in e1_data.iterrows():
    for j,e2 in e2_data.iterrows():
        begin = min(e1['start'], e2['start'])
        end = max(e1['end'], e2['end'])
        //根据实体距离对负样本进行筛选，maxlen 为句子长度上限
        if end - begin > maxlen:
            continue
```

通过简单的负样本筛选，再结合远程监督方式，可以构建一个信息较为充分的数据集。

3. 句子窗口

负样本筛选解决了长句子的问题，但远程监督也可能产生过短的句子数据。为了充分利用短句子，需要在短句子两端补上一定窗口大小的数据。其主要代码如下：

```
//窗口大小由经验所得
if end - begin <= 100:
    window = 50
elif end - begin <= 140:
    window = 30
else:
    window = 0
```

```
//maxlen 为句子长度上限
num_pad = maxlen - (end - begin)
left_w = min(num_pad // 2,window) //左窗口大小
right_w = min(num_pad - left_w,window) //右窗口大小
begin = max(0,begin - left_w) //新的句子起点
end = min(len(text),end+right_w) //新的句子终点

sentence = clean(text[begin:end])
```

由此，我们构建了完整的数据集。复赛训练集与验证集的划分与初赛方案的一致，这里不再详细叙述。

4.4.2 特征工程

为了更好地利用数据，我们尝试构建如下几种特征。

1. 实体间距离

实体间距离包括实体外侧距离与实体内侧距离。

```
outer_len = max(e1['end'], e2['end']) - min(e1['start'], e2['start'])
inner_len = max(e1['start'], e2['start']) - min(e1['end'], e2['end'])
```

2. 实体词性

实体词性特征同样采用 Jieba 分词，与初赛中介绍的方案一致。

```
text = []
flags = []
for w, flag in jieba.posseg.cut(sent):
    text.append(w)
    flags.append(flag)
```

3. 实体位置指示

实体位置指示特征指采用非零数值标识出实体在句子中出现的位置，e1 实体所在位置打 0.1，e2 实体打 -0.1，其他打 0。例如：

[0 0 0 0.1 0.1 0.1 0.1 0 0 0 0 0 0 -0.1 -0.1 -0.1 0 0]

在该示例中，0.1 标识 e1 实体的位置，-0.1 标识 e2 实体的位置。

构建特征的代码如下：

```
seg = np.zeros(len(text))
//e1b, e1e 为 e1 实体的起止
seg[e1b:e1e] += 0.1
//e2b, e2e 为 e2 实体的起止
seg[e2b:e2e] -= 0.1
```

该特征由一个长度为 text 的向量组成。

4. 实体相对位置

实体相对位置特征指句子中的字分别与两个实体之间的相对距离。以 e1 实体为例，以 e1 实体中心为 0 坐标，左侧与 e1 每增加一个距离减 1，右侧与 e1 每增加一个距离加 1，则相对 e1 的距离为[⋯-3 -2 -1 0 1 2 3 ⋯]。

在该示例中，0 标识 e1 实体的中心位置。

构建特征的代码如下：

```
def cal_pos(begin,end,l):
    if begin < 0:
        begin += l
        end += l
    //确定实体中心
    median = (begin+end)//2
    return np.arange(l) - median //返回相对距离


e1pos = cal_pos(e1b,e1e,len(text)) //e1 相对距离
e2pos = cal_pos(e2b,e2e,len(text)) //e2 相对距离
```

该特征由两个长度为 text 的向量组成。

4.4.3 模型构建

下面我们介绍模型架构与优化方法，并使用 Keras 来构建和训练模型。

1. 模型基本构架

下面我们采用一个简单的双层双向 GRU 作为 baseline，模型结构的代码如下：

```
//构建文本输入
x_in = Input((cfg['maxlen'],), name='word')
```

```
//对输入的文本 id 序列进行词嵌入计算
x = Embedding(cfg['vocab'], cfg['word_dim'], trainable=True,
name='emb')(x_in)
x = SpatialDropout1D(0.2)(x)
//双层 CuDNNGRU 结构，采用双向求和模式
x = Bidirectional(CuDNNGRU(cfg['unit1'], return_sequences=True,
name='gru1'), merge_mode='sum')(x)
x = Bidirectional(CuDNNGRU(cfg['unit1'], return_sequences=True,
name='gru1'), merge_mode='sum')(x)
//采用平均池化
output = GlobalAvgPool1D()(x)
//MLP 层
output = Dense(256, activation='relu',name='d1')(output)
output = Dense(256, activation='relu',name='d2')(output)
output = Dense(11,activation='softmax',name='d3')(output)
//构建 Keras 模型
model = Model(inputs=x_in, outputs=[output])
```

这是一个非常简单的模型，下面对其进行优化。

2. 载入特征

首先，将特征融入当前模型中，特征载入代码如下：

```
//构建特征输入
pt_in = Input((cfg['maxlen'],), name='flag')
pe_in = Input((cfg['maxlen'],2),name='position')
seg_in = Input((cfg['maxlen'],), name='segment')
len_in = Input((1,), name='inner_len')
```

然后，对载入的实体词性特征进行嵌入计算，并与词嵌入结果及实体相对位置进行拼接。

```
x = Embedding(cfg['vocab'], cfg['word_dim'], trainable=True,
name='emb')(x_in)
pos_tag = Embedding(cfg['num_pg'], 16, name='embpos')(pt_in)
seg = Lambda(lambda x:K.expand_dims(x))(seg_in)
//特征拼接
x = concatenate([x, pe_in, pos_tag], axis=-1)
len_feat = BatchNormalization()(len_in) //长度特征，后面会使用
```

最后，将拼接的结果与实体位置指示进行求和，以突出两个实体的信息。

```
x = add([x,seg])
x = BatchNormalization(name='bn1')(x)
x = SpatialDropout1D(0.2)(x)
```

这样，我们就将计算的特征和词嵌入结合在一起，构成了完整的模型输入。

3. Self-Attention

下面采用 keras-self-attention 库来实现自注意力机制层。如果你没有安装 keras-self-attention 库，则可以使用如下命令安装。

```
pip install keras-self-attention==0.49.0
```

安装完成后，直接在 Python 脚本中使用如下代码导入 keras-self-attention 库。

```
from keras_self_attention import SeqSelfAttention
```

将自注意力机制放置于两层 GRU 之后：

```
x = Bidirectional(CuDNNGRU(cfg['unit1'], return_sequences=True,
name='gru1'), merge_mode='sum')(x)
x = Bidirectional(CuDNNGRU(cfg['unit1'], return_sequences=True,
name='gru1'), merge_mode='sum')(x)
x = SeqSelfAttention(attention_activation='sigmoid')(x)
x = Dropout(0.2)(x)
output = GlobalAvgPool1D()(x)
```

这样，就完成了对模型的整体构建。完整的模型代码如下：

```
//构建文本输入
x_in = Input((cfg['maxlen'],), name='word')
//构建特征输入
pt_in = Input((cfg['maxlen'],), name='flag')
pe_in = Input((cfg['maxlen'],2),name='position')
seg_in = Input((cfg['maxlen'],), name='segment')
len_in = Input((1,), name='inner_len')

//嵌入计算
x = Embedding(cfg['vocab'], cfg['word_dim'], trainable=True,
name='emb')(x_in)
pos_tag = Embedding(cfg['num_pg'], 16, name='embpos')(pt_in)
seg = Lambda(lambda x:K.expand_dims(x))(seg_in)
//特征拼接
```

```
x = concatenate([x, pe_in, pos_tag], axis=-1)
len_feat = BatchNormalization()(len_in)  //长度特征，后面会使用
x = add([x,seg])
x = BatchNormalization(name='bn1')(x)
x = SpatialDropout1D(0.2)(x)
```

```
//双层 CuDNNGRU 结构，采用双向求和模式与自注意力机制结合的方式
x = Bidirectional(CuDNNGRU(cfg['unit1'], return_sequences=True,
name='gru1'), merge_mode='sum')(x)
x = Bidirectional(CuDNNGRU(cfg['unit1'], return_sequences=True,
name='gru1'), merge_mode='sum')(x)
x = SeqSelfAttention(attention_activation='sigmoid')(x)
x = Dropout(0.2)(x)
output = GlobalAvgPool1D()(x)
```

```
//拼接长度特征
feat = [output,len_feat]
output = concatenate(feat,axis=1)
```

```
//MLP 层
output = Dense(256, activation='relu',name='d1')(output)
output = Dense(256, activation='relu',name='d2')(output)
output = Dense(11,activation='softmax',name='d3')(output)
```

```
//构建 Keras 模型
model = Model(inputs=x_in, outputs=[output])
```

4. 多分类与二分类

通常来说，文本分类采用多分类的形式来进行模型训练，模型损失采用交叉熵损失函数。然而，由于复赛数据中的 10 个关系类别之间分布差异明显，使得 10 个关系类别及负样本的学习难度不一致，因此我们采用一种新的训练方式，即将 11 个类别（即 10 个类别与负样本）转换为 10 个类别的二分类方式，通过一个类别 mask 矩阵来使不同分类器之间的推断相互独立，但整体的模型架构不变。具体实现方式如下：

```
// datasets 为远程监督构建的数据集
masks = np.zeros((len(datasets),10))
//遍历 datasets
```

```
for i,(r,label) in
enumerate(zip(datasets['category'],datasets['label'])):
    //记录每个样本的假设关系类别
    masks[i, r2i[r]] = 1
```

通过这种方式，我们为远程监督得到的每一个样本都计算了其假设的关系类别 mask 矩阵。

在模型中，只需要对输出端做以下调整：

```
mask = Input((10,), name='mask')
...
output = Dense(10,activation='sigmoid',name='d3')(output) //注意与多
分类采用 SoftMax 激活不同，二分类采用 Sigmoid 激活
output = multiply([mask,output]) //将 output 与 mask 矩阵进行点乘，对假设
之外的类别置零
```

最终模型的损失函数计算如下：

```
def bce_loss(y_true, y_pred):
    y_true = K.max(y_true, axis=1)
    y_pred = K.max(y_pred, axis=1)
    return
-K.mean(cfg['alpha']*y_true*K.log(y_pred)+(1-cfg['alpha'])*(1-y_tr
ue)*K.log(1-y_pred))
```

通过 10 个二分类的训练方式，模型屏蔽了不同类别之间的影响，实现了相互独立的推断，提升了模型整体的性能。

5. 知识蒸馏

为了进一步提高模型精度，优化推理速度，我们采用知识蒸馏方法。在 *Distilling the Knowledge in a Neural Network* 中，首次提出了采用教师-学生（teacher-student）网络结构的知识蒸馏的概念。

- 教师网络：结构复杂，性能优越。

- 学生网络：结构简单，低复杂度。

知识蒸馏旨在通过一个已训练完备的教师网络计算伪标签（也被称为软标签），来引导学生网络的学习。与硬标签（即通常我们用 0、1 表示的数据类别）相对应，

软标签是指模型直接输出的数据类别概率。在知识蒸馏过程中，教师网络首先对全部数据进行一遍预测以获取软标签，然后学生网络根据这个软标签（注意不是根据硬标签）来重新进行模型学习。由于我们采用五折方式划分数据并进行训练，因此在教师网络计算软标签时要注意对应关系，代码如下：

```
oof_y = np.zeros_like(dataset['y'])
//载入模型结构
model = cfg['model'](cfg)

for fold, (tr_idx, val_idx) in enumerate(folds):、
    //载入模型权重
    model.load_weights(f"../weights/{cfg['name']}_fold{fold}.h5")
    idx_v, val_data = split_data(dataset, set(tr_file[val_idx]))
    //分折id，保存软标签预测结果
    oof_y[idx_v] = model.predict(val_data, batch_size=cfg['bs'],
verbose=1)
```

在学生网络的训练过程中，针对 oof_y 进行学习即可。通过知识蒸馏方法训练的学生网络，使网络学习得到了更多的语义信息，提高了模型的表达能力。

针对复赛赛题，我们采用上述方法对一个简单的双层双向 GRU 多分类模型进行不断优化，最终在训练效率与 F1 指标上都得到了大幅提升。

5　Neo4j 存储知识图谱

现在，我们已经获得了一个较为完整的医疗知识图谱，它拥有 15 种实体及 11 种实体之间的关系。为了更好地维护、管理、使用知识图谱中的三元组数据，通常我们会采用图数据库的方式进行维护和管理。下面以 Neo4j 图数据库为例，简要介绍图数据库的配置、构建及查询。

5.1　Neo4j 介绍

与传统的关系型数据库不同，Neo4j 属于 NoSQL（Not only SQL）的非关系型数据库。此类 NoSQL 数据库主要包括键值数据库、文档数据库、列式存储数据库和图数据库。显然，我们构建的知识图谱天然地符合图数据库的存储方式。

图数据库是基于图论实现的一种 NoSQL 数据库，它的数据存储结构和数据查询方式都是以节点与关系为基础的。图数据库通过节点与关系构成的图结构来实现数据库中的基本操作，如增加、删除、更新、查询等功能。

与关系型数据库相比，图数据库可以实现灵活细粒度的数据模型，能够实现高效的关系查询，更符合人类的一般认知。

由 Neo4j 的名字可以看出，它是由 Java 实现的图数据库。Neo4j 的研发始于 2003 年，2007 年开源发布了第一版。Neo4j 并没有使用三元组直接储存图数据，而是使用属性图来对数据进行建模。属性图主要包含以下几部分：

- 实体：节点与节点之间的关系。

- 路径：由一系列节点与关系构成。

- 记号：用于指示标签、关系类型、属性键等。

- 属性：以键值对的形式为节点和关系维护对应的属性值。

因此，从宏观上看，Neo4j 只有两种数据。

- 节点：由实体节点、通过键值对维护的节点的属性及节点标签构成。

- 关系：由一对节点、通过键值对维护的关系的属性及关系标签构成。

基于这两种底层存储结构，Neo4j 可以使用免索引邻接技术来实现高效地查询。免索引邻接技术通过每个节点，只维护与其相邻的节点的索引，避免了维护全局索引。通常，关系型数据库都是通过维护全局索引进行查询，故随着数据规模的不断扩大，这种方式带来的复杂度会不断增加。而由于免索引邻接技术的复杂度只和节点邻接的规模成正比，因此在 Neo4j 中可以实现非常高效的关系查询。

5.2　Neo4j 配置

下面介绍 Neo4j 数据库在 Windows 操作系统下的安装部署，其他版本的安装部署可以参照官方文档。

5.2.1　安装

在 Neo4j 官网 neo4j.com 中可以下载对应操作系统的安装程序。Windows 操作系统可以选择安装版与压缩包版，其中压缩包版解压即可使用。Neo4j 安装后的目录结构，如图 1-5-1 所示。

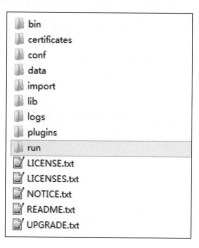

图 1-5-1　Neo4j 安装后的目录结构

其中，bin 目录是 Neo4j 的运行目录。对数据库的启动、关闭等操作需要在该目录下使用下述命令进行。

- neo4j install-service：首次安装需要安装相关服务。

- neo4j uninstall-service：卸载服务。

- neo4j start：启动数据库。

- neo4j stop：关闭数据库。

- neo4j restart：重启数据库。

- neo4j console：打开控制台。

5.2.2　Web 管理平台

Neo4j 采用 localhost:7474 作为数据库 Web 管理地址。通过 Web 管理平台，无须再使用其他数据库管理软件，即可方便快捷地实现对 Neo4j 数据库的管理。Web 管理平台界面如图 1-5-2 所示。

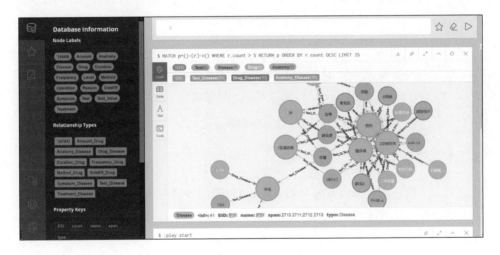

图 1-5-2　Web 管理平台

Web 管理平台主要分为命令输入区、结果显示区和状态工具栏。

- 命令输入区：支持 Cypher 查询语句。

- 结果显示区：支持动态交互的结果显示，支持节点拖动、颜色大小改变、显示过滤等操作。

- 状态工具栏：展示当前数据库的基本状态，如节点数量、关系数量等。

5.2.3 Neo4j-shell

Neo4j-shell 是官方自带的命令行工具，可以在没有可视化 Web 管理平台时实现对数据库的管理。

在 Windows 操作系统中，Neo4j-shell 位于安装路径的 bin 文件夹中。

- 启动命令：neo-shell -path MyDatabase。

其中，MyDatabase 为自定义的数据库路径。若想使用默认路径下的数据库，则直接使用 Neo4j-shell 即可。在出现 "$" 提示符后，就可以使用 Neo4j-shell 了。

Neo4j-shell 支持所有的 Cypher 命令。

- 关闭命令：quit。

5.3 数据库构建

下面介绍使用 Java API 对已获取的知识图谱（三元组）构建 Neo4j 数据库。

由于 Neo4j 是由 Java 实现的图数据库，因此可以直接在 Java 应用程序中使用 Java API 进行开发。通过 Java API 开发模式，能够实现 Neo4j 数据库的大部分功能，如对数据库的增删改查等，并能直接管理数据库。

5.3.1 准备工作

首先下载并安装 Java JDK 环境，Java API 开发模式需要带入指定的库文件，即 JAR 包，其位于解压版的 Neo4j 安装目录的 lib 文件夹中，然后将 JAR 包导入 Java 工程。

在 Java 程序中，通过下面的方式使用 Neo4j Java API：

```
import org.neo4j.*
```

5.3.2 创建数据库

创建数据库类实例 graphDb：

```
import org.neo4j.graphdb.GraphDatabaseService;
import org.neo4j.graphdb.factory.GraphDatabaseFactory;
```

```
    private static void registerShutdownHook(final
GraphDatabaseService graphDb) {
        Runtime.getRuntime().addShutdownHook(new Thread() {
            @Override
            public void run() {
                graphDb.shutdown();
            }
        });
    }
```

```
graphDb = new GraphDatabaseFactory().newEmbeddedDatabase(DB_PATH);
registerShutdownHook(graphDb);
```

该数据库实例可以被多进程共享，但在同一时间内只能有一个进程进行操作。

当程序完成所有操作时，需要关闭数据库实例。

```
graphDb.shutdown();
```

5.3.3　事务

Neo4j Java API 对数据库的所有操作都必须放入事务中进行，如下所示：

```
try (Transaction tx = graphDb.beginTx()) {
    //对数据库的操作
    tx.success();
}catch(Exception e){
    tx.failure();
}finally{
    tx.finish();
}
```

5.3.4　创建节点

创建节点：

```
//位于事务中
node = graphDb.createNode();
```

无属性的节点只包含默认的 id 值。

Neo4j 中的节点具有 id、标签和属性三种值，可以通过以下方式添加标签和属性。

```
import org.neo4j.graphdb.Label;

    //位于事务中
    label = Label.label(type);
    node = graphDb.createNode(label);
    node.setProperty("name", name);
```

5.3.5　创建关系

创建关系要获取两个节点，如下所示：

```
import org.neo4j.graphdb.Relationship;
import org.neo4j.graphdb.RelationshipType;

    public enum RelTypes implements RelationshipType {
        //自定义的关系类型
    }

    //位于事务中
    relationship = node1.createRelationshipTo(node2,
RelTypes.valueOf(type));
```

另外，也可以使用 setProperty 对关系添加属性。

5.3.6　查询

我们可以使用 Cypher 语句进行查询操作。例如：

```
    //位于事务中
    StringBuilder sb = new StringBuilder();
    //构造 Cypher 语句
    sb.append("MATCH p=(n)-[r:" + type + "]->(m) ");
    sb.append("RETURN r AS relation");
    Result result = graphDb.execute(sb.toString());
    while(result.hasNext())
        r = (Relationship) result.next().get("relation");
```

对于节点，可以通过标签与属性进行查询。

```
//位于事务中
node = graphDb.findNode(label, "name", name);
```

5.4 Cypher 查询

Cypher 是一种声明式图数据库查询语言，功能非常强大，查询效率很高。Cypher 语言借鉴了 SQL，SPARQL 等查询语言的优点，简单易学。同时，Cypher 专注于"查询什么"而不是"怎么查询"，这样用户不必过于关注对查询的优化。

Cypher 依赖于模式及模式匹配，其中模式描述用户期望的数据形态。由于 Neo4j 中的单个节点与关系覆盖的信息比较单一，因此使用模式可以构建复杂的数据形态，即模式是节点和关系的复杂表达。

节点：Cypher 使用"()"来表示节点，如(:Disease)表示一个疾病实体节点，并且可以通过添加变量的方式在语句的其他部分引用这个节点，如(d:Disease)使用变量 d 引用了疾病节点。

关系：Cypher 使用"–"来表示无方向关系，使用"<—-"和"—->"来表示有方向关系。例如，实体关系检查方法 -> 疾病(Test_Disease)可以表示为(:Test)—->(:Disease)。

关系描述：Cypher 使用"[]"来描述关系详情，如(a)-[:Test_Disease]->(b)表示 Test_Disease 关系。

属性描述：Cypher 使用"{}"来描述节点与关系的属性。例如，(Test {name:'甘油三酯'})描述名称为甘油三酯的 Test 节点。另外，在关系描述中也可以使用属性描述。

将上述表示组合在一起，就构成了 Cypher 的复杂模式表达式。例如，(Test {name:'甘油三酯'})—[:Test_Disease]->(d:Disease)<-[:Drug_Disease]-(:Drug)表示采用甘油三酯检查方法的疾病与其对应治疗药物之间的关系。

Cypher 语句分为读语句、写语句和通用语句三类。

5.4.1 读语句

读语句主要包括带有 MATCH，WHERE，Aggregation 等关键字的语句。

1. MATCH 语句

MATCH 语句通过模式来检索图数据库，其语法为 MATCH 模式。例如：

```
MACTH  (Test {name:'甘油三酯'})-[:Test_Disease]->(d:Disease)
```

该语句匹配了使用甘油三酯检查方法的疾病这一模式。

2. WHERE 语句

WHERE 语句为 MATCH 语句添加约束，为 SATRT 语句，WITH 语句过滤结果。其语法为 WHERE 约束、过滤条件。例如：

```
MACTH  (t:Test)-[:Test_Disease]->(:Disease)
WHERE  t.name = '甘油三酯'
```

该语句匹配了检查方法—->疾病这一模式，并约束检查方法为甘油三酯。

3. Aggregation 语句

Aggregation 语句对返回语句 RETURN 中的数据进行聚合计算。常用的聚合函数有 count()，sum()，avg()，collect()，max()，min()等。

5.4.2 写语句

写语句主要包括带有 CREATE，MERGE，SET，DELETE，REMOVE 等关键字的语句。

1. CREATE 语句

CREATE 语句用于创建节点与关系。例如：

```
CREATE  (Test {name:'甘油三酯'})
```

该语句创建了一个属性名为甘油三酯的检查方法节点。

对关系的创建需要通过模式匹配到两个节点，例如：

```
MATCH  (t:TEST), (d:Disease)
CREATE  (t)-[r:Test_Disease]->(d)
```

该语句在检查方法和疾病实体节点之间创建了检查方法——>疾病这一关系。

2. MERGE 语句

MERGE 语句用于确保指定模式存在，如果该模式不存在，则创建该模式。MERGE 语句类似于 MATCH 语句和 CREATE 语句的组合。例如：

```
MERGE  (test:Test {name:'甘油三酯'})
```

该语句确保了属性名为甘油三酯的检查方法节点在图数据库中存在。若图数据库中没有 TEST 类型的实体节点或者 TEST 节点中没有名字为甘油三酯的检测方式，则创建一个这样的节点。

3. SET 语句

SET 语句用于设置节点或者关系的属性，其中需要通过模式匹配到节点或者关系。例如：

```
MATCH  (t:TEST {name:'甘油三酯'})
SET  t.class = '实验室检查'
```

该语句将甘油三酯检查方法的检查类型设置为实验室检查。

4. DELETE 语句

DELETE 语句用于删除节点和关系，其中需要通过模式匹配到节点或者关系。例如：

```
MATCH  (t:TEST {name:'甘油三酯'})
DELETE  t
```

该语句删除名称为甘油三酯的检查方法。

5. REMOVE 语句

REMOVE 语句用于删除节点和关系的属性,其中需要通过模式匹配到节点或者关系。例如：

```
MATCH  (t:TEST {name:'甘油三酯'})
REMOVE  t.class
```

该语句删除了名称为甘油三酯的检查方法的检查类型属性。

5.4.3　通用语句

通用语句主要包括带有 RETURN，ORDER BY，LIMIT，SKIP，WITH 等关键字的语句。

1. RETURN 语句

RETURN 语句用于返回查询到的节点、关系或者属性。例如：

```
MATCH  (t:TEST {name:'甘油三酯'})
RETURN  t.class
```

该语句对名称为甘油三酯的检查方法进行查询，并返回其检查类型属性。

2. ORDER BY 语句

ORDER BY 语句对 RETURN 语句返回结果的属性进行排序。例如：

```
MATCH  (t:TEST)
RETURN  t
ORDER BY  t.name DESC
```

该语句返回所有检查方法节点并按检查方法的名字降序排序。

3. LIMIT 语句

LIMIT 语句对 RETURN 语句的结果进行输出行数限制。例如：

```
MATCH  (t:TEST)
RETURN  t
LIMIT  10
```

该语句返回所有检查方法节点并输出 10 条。

4. SKIP 语句

SKIP 语句对 RETURN 语句的结果进行部分跳过。例如：

```
MATCH  (t:TEST)
RETURN  t
SKIP  10
```

该语句返回所有检查方法节点并跳过前 10 条。

5. WITH 语句

WITH 语句链接分段查询，可以在结果传递到后续查询前对结果进行操作。

例如：

```
MACTH  (Test {name:'甘油三酯'})-[r:Test_Disease]->(d:Disease
{name:'I 型糖尿病'})
WITH  r, count(\*)  AS  c
WHERE  c > 1
RETURN  r
```

该语句首先查询名称为甘油三酯的检查方法和 I 型糖尿病之间的关系模式，然后统计这个关系模式的数量，最终返回数量大于 1 的关系。

6 赛题进阶讨论

本赛题于 2018 年采取天池线上赛的方式举行（单卡 P100，30GB 硬盘空间），并通过初赛对实体识别、复赛对关系抽取的形式将知识图谱构建任务进行了切割与简化。基于这些限制条件，赛题实际采取的解决方案仅具有赛题范围内的针对性，不具备知识图谱构建的普遍性。另外，2018 年之后大规模预训练语言模型为自然语言处理带来了重大突破，这使得我们必须要对其在知识图谱构建任务中的应用进行深入研究。因此，不受限于本赛题，本章将结合当前的新技术，对知识图谱构建任务进行更深入的讨论。

下面从数据标注方法、联合抽取，以及大规模预训练语言模型三个方面，探讨知识图谱构建技术的新发展。

6.1 数据标注方法

尽管 BIOES 方法结合 CRF 通常能够取得比较好的效果，但是，在实践中我们经常会发现这种标注方法预测的结果会在头尾缺字或者多字，也无法解决重叠实体的问题。为了提高模型效果，下面介绍指针标注与片段排列两种新的数据标注方法。

6.1.1 指针标注

指针标注，源于处理机器阅读理解问题的指针网络（Pointer Net）。指针网络通常用于分别预测头尾指针，指示文章中的答案片段。受此启发，研究人员提出了指针标注的方式，即每一个类型的实体分别用一对头尾指针进行指示。

例如，针对时间实体：

小 明 早 上 8 点 去 学 校 上 课。

start：0 0 1 0 0 0 0 0 0 0 0

end：0 0 0 0 0 1 0 0 0 0 0

头指针 start 指示了时间实体"早上 8 点"的起始位置"早"，尾指针 end 指示了时间实体"早上 8 点"的结束位置"点"。通过这种方式，可以将多种实体类型进行合并，如多分类的标注，或者多层的二分类标注。

实践表明，相对于 BIOES 标注方法，指针标注能大幅提升实体头尾部分抽取的准确性，同时通过多层指针标注也能解决实体重叠的问题。

6.1.2　片段排列

片段排列是一种具有暴力搜索思想的数据标注方法，即对于长度为 n 的句子，首先排列其所有片段，得到 $\dfrac{n \times (n-1)}{2}$ 种排列，然后对所有排列进行独立分类识别。

例如：

小 明 早 上 8 点 去 学 校 上 课。

首先排列其所有片段：

小

小明

小明早

…

小明早上 8 点去学校上课

明

明早

明早上

…

上

上课

然后对这 55 种排列进行多分类即可。

片段排列通常采用注意力机制计算片段特征的形式来进行分类。然而，对于长文本而言，这种方式复杂度很高，且产生了过量的负样本。那么，如何合理地减少片段排列中负样本的数量是研究人员不断探索的方向。

6.2　联合抽取

本赛题的抽取方法属于流水线抽取，即先抽取实体，再抽取实体之间的关系。由于实体识别和关系抽取的相关研究都已经比较成熟，流水线抽取方法可以比较方便地借鉴前人的研究成果，因此这种方法简单灵活。但是，在实践过程中，研究人员注意到了以下几个问题。

- 误差累积：通常实体识别模型的预测误差被输入关系抽取模型中，造成误差累积。

- 计算复杂度：通常关系抽取模型需要对识别的实体进行两两组合后再进行分类，导致句子信息重复使用，计算复杂度高。

- 信息利用不充分：两个任务相对独立，无法共享信息。

为了缓解或者解决上述问题，研究人员提出了联合抽取方法。该方法将两个任务合并，通过只训练一个模型的方法来解决三元组抽取的问题。下面我们对联合抽取做简要介绍。

6.2.1　共享参数

共享参数的联合抽取主要是通过共享句子编码层隐藏特征的方式实现多任务联合训练。其训练的损失函数由多个任务的损失函数相加形成。典型的共享参数方法有以下几种：

1. SPO 三元组+指针网络

SPO 三元组+指针网络的主要思想是先抽取主体 S，再抽取客体 O，以及它们对应的关系 P，其网络结构如图 1-6-1 所示。

- S 抽取任务：使用指针标注（二分类）对句子特征进行解码。

- PO 抽取任务：同样使用指针标注（多分类）对共享的 S 任务的句子编码特征，以及对抽取的 S 特征进行解码。

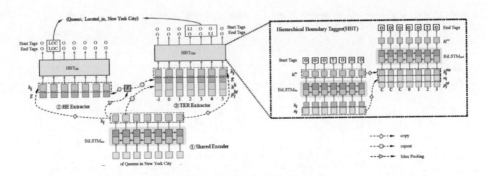

图 1-6-1 SPO 三元组+指针网络[12]

在训练阶段，对于一个 SPO 三元组样本，S 抽取任务可以直接进行指针网络训练，而 PO 抽取任务在共享 S 任务句子编码特征的基础上，通过叠加抽样的 S 样本信息（位置与对应词向量）来训练指针网络。在预测阶段，PO 抽取任务将 S 任务预测的信息与句子编码特征叠加，从而实现 PO 的指针预测。

通过拆解 S 任务与 PO 任务的方式，该模型可以有效地解决一个 S 对应多个 O，以及一个 O 对应多个 S 的问题。但由于在训练过程中需要对 S 进行不断抽样，因此其训练效率比较低。

2. 多头选择网络

多头选择网络的原理：对于长度为 N 且关系总数为 r 的句子，该模型对每个样本预测一个 $N \times N \times r$ 的矩阵，表示样本中字和词关系的两两组合。其模型结构图如图 1-6-2 所示。

- 实体识别：采用 LSTM+CRF 方法。

- 多头选择：拼接共享的句子编码特征与对应字词实体 Label 的编码特征，预测一个 $N \times N \times r$ 的矩阵，其中矩阵中的每一个值都由 Sigmoid 层给出（二分类）。

在训练阶段，多头选择采用样本实体真实的 Label 进行编码，并与共享的句子编码特征进行拼接。在预测阶段，多头选择采用实体识别预测的结果进行编码，并与共享的句子编码特征进行拼接。

该模型能够解决实体关系重叠的问题，但由于模型对每个句子进行了 $N \times N \times r$ 的预测，因此其在对长句子样本进行计算时具有较高的复杂度。

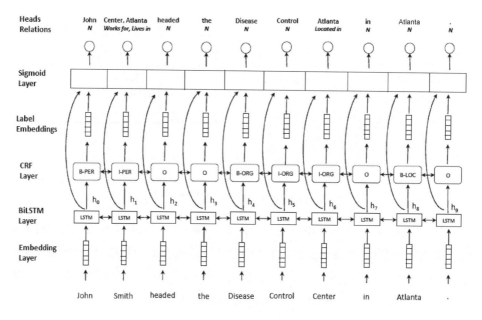

图 1-6-2　多头选择网络[13]

3. Span-Level 网络

Span-Level 网络先使用片段排列标注，并对片段进行实体识别，然后对筛选出的非空实体两两组合进行关系抽取。

Span-Level 网络通过句子编码特征构造片段序列特征，该特征通过池化后用于片段的实体识别任务。在得到分好类的候选实体片段后，对非空的实体片段采用传统的关系分类方法，即对实体两两组合，构造组合特征，从而进行关系分类。

由于 Span-Level 网络采取片段排列，因此计算复杂度较高，但后续的一些研究通过对片段数量等信息进行过滤，在一定程度上降低了部分计算复杂度。

6.2.2　联合标注

共享参数并没有从根本上解决误差累积的问题，只是在一定程度上缓解了这个问题。近几年，出现了多种将这两个任务转换为一个序列标注任务的新方法，下面我们选取其中两种进行介绍。

1. 方法一

有研究人员提出了一种新的标注方法，如图 1-6-3 所示。

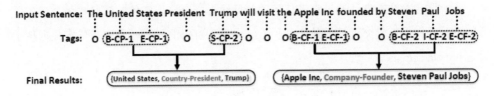

图 1-6-3　Novel Tagging Scheme[14]

这种标注方法将实体的 BIOES 标注与关系类型标注结合在一起,将两个任务合并为一个新的序列标注任务。然而,这个方法无法解决重叠实体问题。

2. 方法二

百度飞桨提出了一种全新的标注方式,如图 1-6-4 所示。

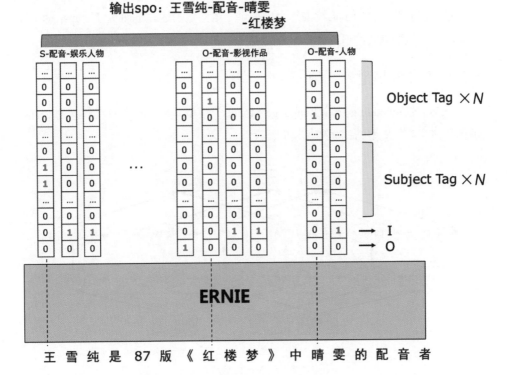

图 1-6-4　DuIE[15]

该方法也是利用了 SPO 三元组的思路,先分别标注不同类型的主体与客体的起始位置,然后统一标注所有的非起始的实体为 I,非实体为 O。通过这样的改进方式,可以有效地解决实体重叠问题。

此联合标注的方法通过将多任务重新标注为一个序列任务，使原本两个任务之间的信息得到充分交互。但是，这种方法也受到解码的限制，需要在特定数据集中进行一定程度的后处理。

6.3　大规模预训练语言模型

我们知道，通过训练语言模型可以得到每个词的一组向量表达，然而，这种词向量的形式无法处理自然语言中一个非常重要的问题：多义词。例如，对于"苹果"一词，在某种语境中可能指的是水果，在另一种语境中可能指的是公司。而基于前文介绍的方法，我们只能获取"苹果"对应的一个向量表达。因此，前文介绍的词向量有时又被称为静态词向量。对应的，我们希望能够通过某种方式获得"动态"词向量：它能够结合句子语境为每个词提供一组向量表达。下面将分别介绍动态词向量的三个里程碑式的研究工作。

6.3.1　ELMo 模型

ELMo（Embedding from Language Models）模型，采用一个双层双向的 LSTM 进行预训练，其模型结构如图 1-6-5 所示。

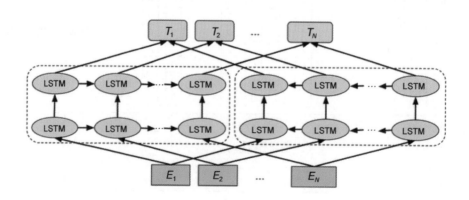

图 1-6-5　ELMo 模型结构图[16]

模型采用正反两个双层 LSTM 网络构建，通过将两个 LSTM 的输出进行叠加，得到 ELMo 模型的动态词向量。在预训练过程中，由于两个 LSTM 分别按对应顺序学习下一个词的输出概率，因此，这种方式也被称为自回归语言模型。

在预训练完成后，可以将 ELMo 模型应用到下游任务中。对于一个预训练好的模型，我们可以先输入句子样本，通过 ELMo 模型得到句子中每个词对应的词向量（代替 Embedding 的索引过程），然后进行下游任务的学习。在这种方式下，对于一个在不同句子中的固定单词，随着不同句子经过 ELMo 模型后，其将会得到不同的词向量，即动态词向量。实践证明，ELMo 模型动态词向量的这种方式使多个自然语言处理任务中的评测指标都得到了一定程度的提升。

然而，相对于 Transformer 等结构，LSTM 结构的特征提取能力差，且单纯双向叠加不能充分学习到语境的上下文信息。

6.3.2 GPT 模型

GPT（Generative Pre-Training）模型使用 Transformer 结构，单向（从左至右）对语言模型进行建模。第一代 GPT 模型（GPT-1）的结构如图 1-6-6 所示。

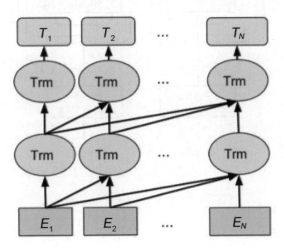

图 1-6-6 GPT-1[17]

下面我们首先来介绍 Transformer 结构。

谷歌提出的 Transformer 结构也是一个采用编码器-解码器框架的模型，其整体结构如图-1-6-7 所示。

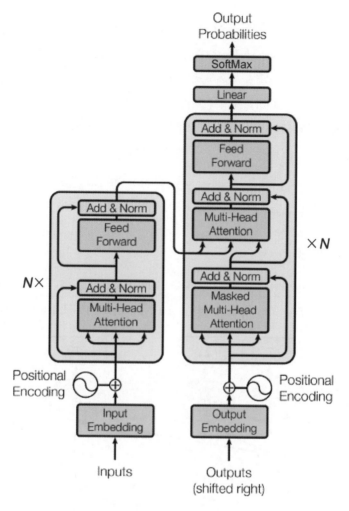

图 1-6-7   Transformer 整体结构[18]

Transformer 的整体结构由多个基本结构构成，其中，

- Positional Encoding：对位置信息进行编码表达。

- Multi-Head Attention：与 Self-Attention 一致，这里 Multi-Head 为一个超参，
  对（Q,K,V）做 Multi-Head 次 Attention 后，将结果进行拼接。

- Feed-Forward：两层 MLP+ReLU。

从编码器和解码器的角度来看：

- 编码器：经过 k 个 Transformer 的基本结构，获得句子编码的深层表达。

- 解码器：相对于编码器，解码器多了一层 Multi-Head Attention。在训练过程中，它负责计算编码器表达（K,V）与当前时刻的自注意力表达之间（Q）的注意力，该注意力继续经过 Feed-Forward 网络计算输出。在预测过程中，Q 为上一时刻编码器的预测结果的自注意力表达。同样，其经过 k 个 Transformer 的基本结构输出最终预测序列概率。在实际计算过程中，可以使用 Masked Self-Attention 机制来保证每个时刻只有上文信息。

可以看出，编码器使用的是具有上下文信息的（双向）Transformer，而解码器使用的是具有上文信息的（单向）Transformer。

在 GPT 模型预训练过程中，我们使用单向 Transformer。不同于 Seq2Seq 模型，由于语言模型没有编码器的输入表达，因此，GPT 模型中的单向 Transformer 去掉了计算编码器和当前时刻自注意力表达的 Multi-Head Attention 层。

GPT 模型使用单向 Transformer 结构，这使多项自然语言处理任务中的评测指标取得了大幅提升。其本质和 ELMo 模型相同，都是自回归语言模型。下面介绍一种基于 Transformer 结构的自编码语言模型。

6.3.3 BERT 模型

BERT（Bidirectional Encoder Representation from Transformer）模型，是谷歌在 2018 年年底提出的基于双向 Transformer 的自编码语言模型。

BERT 模型的特点：

- 与自回归语言模型根据上下文预测下一个词的概率不同，自编码语言模型对句子中的词进行随机遮蔽（mask），预测遮蔽位置可能存在的单词的概率。

- 与 GPT 模型使用具有上文信息的（单向）Transformer 解码器不同，BERT 模型采用具有上下文信息的（双向）Transformer 编码器。

BERT 模型通过多任务进行预训练：

- Masked Language Model (MLM)：对句子中 15% 的字词进行遮蔽。在遮蔽的字词中，80% 直接遮蔽，10% 替换为其他词，剩余的 10% 不动。模型预测 15% 位置上的单词。

- Next Sentence Prediction (NSP)：预测两个句子是否是连续的上下文。

除了 Transformer 的 Positional Encoding，BERT 还需要构建 Segment Embedding，用以区分句子。BERT 模型构造的输入如图 1-6-8 所示。

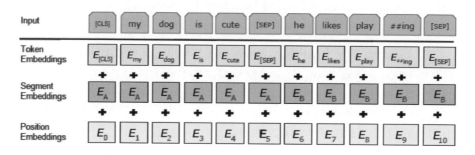

图 1-6-8　BERT 模型构造的输入[19]

BERT 模型整体预训练结构，如图 1-6-9 所示。

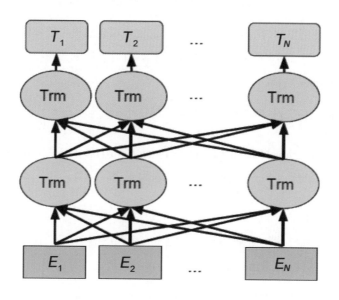

图 1-6-9　BERT 模型整体预训练结构[19]

6.3.4　使用 BERT 模型进行实体识别与关系抽取

通常来说，在得到预训练完成的语言模型后，需要对下游任务进行微调（Fine-Tuning）。而针对实体识别任务与关系抽取任务（采用复赛文本分类的思路），其下游微调任务如图 1-6-10 所示。

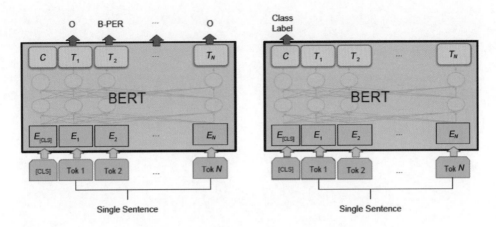

图 1-6-10　命名实体识别与文本分类微调[19]

针对实体识别任务，只需要先输出 BERT 模型产生的对应实际单词位置（即排除 CLS，SEP 等符号）的序列概率，再使用 CRF 损失函数进行模型训练即可。针对文本分类任务，只需要先输出 BERT 模型在 CLS 位置上产生的概率，再使用分类损失函数进行模型训练即可。

BERT 模型出现后，立刻刷新了绝大多数自然语言处理任务的榜单，成为构建自然语言处理任务的最佳选择。之后，研究人员对其不断进行优化，提出了 RoBERTa，ALBERT 等模型，以及受 BERT 模型启发提出了自回归语言模型 XLNET 等。

进入 BERT 模型时代后，自然语言处理也终于与计算机视觉一样，走向了真正的深度学习时代：更大的数据量，更深层的网络。而开源的 Bert4Keras，HuggingFace 等项目，简单易用，又进一步推动了 BERT 系列模型的发展。随着技术不断突破与研究人员的不断努力，在探索自然语言处理任务的道路上，一定会有更加精彩的模型等待着我们。

赛题二　阿里巴巴优酷视频增强和超分辨率挑战赛

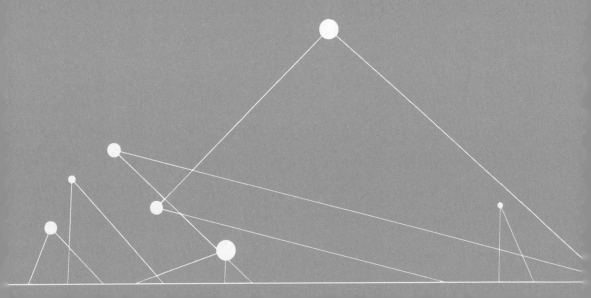

0 技术背景

0.1 业界应用

图片的增强和修复算法其实早已融入我们的生活。比如，被广泛使用的修图软件 Photoshop，内部就集成了很多有关亮度、色彩的增强算法。再比如，我们自拍用的"美颜"，本质上也是对人脸和肤色的增强。近年来，在手机圈火爆的"超级夜景"等功能，也是典型的图像增强技术。

从拍摄硬件上来说，其实我们看到的图片、视频都已经被 ISP（Image Signal Processing，图像信号处理）增强过了。ISP 内部会进行去噪、色彩增强、色调映射等过程，将原始的 RAW 格式的数据调整到人眼可见的范围。另外，相对于上层应用使用压缩后的数据，使用 RAW 格式的数据更容易达到好的处理效果。因此，对于增强任务，沿着数据获取链路向上游走，走软硬结合的路子是最终的解决方案。

目前，各云平台厂家也都提供图像增强能力，可见其价值。

0.2 文娱行业面临的画质问题

一方面，近两年《开国大典》《我的祖国》等高清修复内容多次刷屏全网，使老电影焕发新生机。对于影视剧来说，画质和拍摄年代有较强的相关性，也就是说随着拍摄设备技术的提升，画质也在提高。那么，对于老片，也需要与时俱进，需要做高清修复，以满足用户对高清，甚至超高清的需求。

另一方面、随着互联网的快速发展，内容形式已经由图文转向短视频，目前短视频已成为网民碎片化娱乐的首选，而对于目前大量增加的 UPGC 视频的画质情况却不容乐观。UPGC 视频的来源主要包括两种：一种是由用户上传的正片切条产生的短小视频。由于用户使用的片源清晰度无法保证，又经过多次的转码、压缩、缩放，因此导致画质下降、压缩噪声、块效应等问题；另一种是用户拍摄上传的。虽然目前手机的相机成像质量越来越好，分辨率越来越高，甚至出现了 1 亿像素、30 倍变焦等黑科技，但在不受控的拍摄环境中，普通用户一般无法控制拍摄质量，从而导致出现噪声、模糊、光线等问题。

0.3　实验室介绍和技术手段

摩酷实验室是由阿里巴巴达摩院和优酷联合成立的，旨在对世界级的前沿 Media AI 技术进行研究，驱动在全媒体领域的持续产品模式创新，进而深耕并沉淀为可规模化的生产力。依托优酷形式多样的海量视频数据，经过艰苦攻关，摩酷实验室已经沉淀出完善的全视频质量评价和增强能力。

一个典型的视频增强流程包括去噪、超分辨率、插帧、HDR 等算法模块，如果原片是黑白影片，则还可以进行自动上色。对于老片修复，还有去除胶片污损、反交错等过程。各个模块有不同的作用：超分辨率技术可以将原低分辨率视频扩展到 4K；插帧算法可以提升帧率，有助于消除视频顿挫感，提升平滑度；HDR 用于改善动态范围。

基于对文娱业务场景的深入理解和分析，我们设计出适合文娱行业的视频增强解决方案，该系统有画质评估、增强形成闭环、分区域增强后再进行融合的特点，如图 2-0-1 所示。

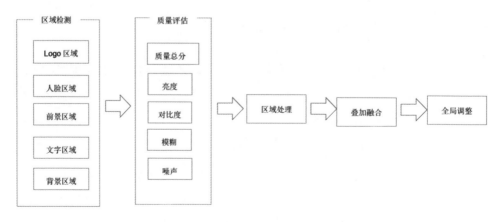

图 2-0-1

0.4 重点模块

1. 质量评估模块

摩酷实验室构建了大规模的 UPGC 图片质量评价数据集和 UPGC 视频质量评价数据集，并提出了 Multi-Level 特征融合的无参考质量评价框架，该方法不仅可以输出总体质量分，还可以输出失真类型。

得益于实验室良好的技术沉淀，我们的线上数据都可以打上质量分和失真类型，进而和清晰化模型结合形成"评估+增强"的业务闭环。

2. 视频增强

为了保证前后帧效果的一致性，我们按分镜对增强参数做了时间平滑。对于分辨率低的问题，我们研发了 VSR（视频超分辨率）模型，并增强了对视频压缩问题的处理能力。

依托"阿里巴巴优酷视频增强和超分辨率挑战赛"，优酷建立了业界最大、最具有广泛性的视频超分辨率和增强数据集。数据集包括 10 000+视频对，以及不同内容品类、不同难度、不同业务场景下的噪声模型，极大地帮助我们进行模型训练。

我们依据质量总分将数据划分为好、中、差三档，对于本来画质已经很好的视频不做处理，对于中和差的数据依据失真类型筛选出清晰化模型能处理的部分，针对失真类型进行处理，并根据失真程度赋予清晰化模型不同的恢复参数。

3. 分区域处理策略

划分前对背景分别进行处理，是由于我们观察到超分辨率（Super Resolution，SR）模型的一些特性，即现有的超分辨率模型会对"疑似"边缘做强烈的恢复。当模型应用于背景虚化区域时，某些轮廓会被增强成强边缘，而其他区域仍保持虚化的效果，这样就形成了"突兀"的效果，和人的主观认知不同。因此，我们的模型会对前景区域进行纹理恢复，而对背景区域只做简单的亮度对比度调整。

对于 Logo 和文字区域，由于这类图像本身就是数字化的内容，模式较单一，因此较容易通过简单模型达到好的效果。另外，对于动画片的处理也是类似原理，相比复杂的真实场景图片，动画片总是更容易处理。

对于影视剧和短小视频，因为人脸是用户关注的重点，所以我们设计了人脸清晰化模型，对人脸和头发等区域单独处理。通过大量高清人脸图片训练超分辨率模型，并适当加入 GAN Loss，可以恢复人脸五官、毛发细节和皮肤纹理，达到分毫毕现的效果。

0.5   处理效果

1. 去除压缩导致的噪声问题，建议放大观看（图 2-0-2 和图 2-0-3）。

原视频截图   处理后的视频截图

图 2-0-2

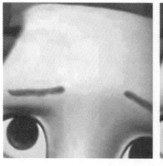 

原图   处理后

图 2-0-3

为便于观察，我们局部做了提亮处理，可见，处理后的图片更细腻，条带大幅减少和阶梯效应大幅降低。

2. 算法采用分区处理，重点优化文字、人脸等区域，提升画面清晰度，如图 2-0-4 和图 2-0-5 所示。

原视频截图　　　　　　　　　　　　处理后的视频截图

图 2-0-4

原图　　　　　　　　　　　　　处理后

图 2-0-5

可见，人脸部分的清晰度明显提升，五官细节得到恢复。

1 赛题解读

1.1 赛题背景

视频增强和超分辨率是计算机视觉领域的核心算法之一，目的是恢复降质视频本身的内容，提高视频的清晰度。该技术在工业界有着广泛的应用，对早期胶片视频的质量和清晰度的提升有着重大的意义。

优酷面向学术界推出了业界最大、最具广泛性的数据集。该数据集的生成模型完全模拟实际业务中的噪声模式，研究人员可以真正地在实际场景中打磨算法，以推动视频增强和超分辨率算法在实际问题中的应用，促进工业界和学术界的深度合作。

1.2 赛题目标

通过训练样本对视频增强和超分辨率模型进行建模，由测试集中的低分辨率视频样本预测得到相应的高分辨率视频。

1.3 数据概览

此赛题是根据提供的低分辨率（512px×288px）视频来合成高分辨率（2048px×1152px）视频。比赛涉及 1000 个视频，视频数据为无压缩的 Y4M 格式，每个视频的时间长度为 4～6 秒。

训练集样本都是由低分辨率视频和高分辨率视频组成的视频对。低分辨率视频为待增强的视频，用于模型输入；高分辨率视频为原始的高清真值视频，可用于检测增强模型的性能。

测试集中只有低分辨率视频，我们需要通过模型增强得到相应的高分辨率视频。

说明：高分辨率视频来自优酷高清媒体资源库，优酷拥有视频的知识产权。低分辨率视频通过模拟实际业务中的噪声模式生成。

视频命名规则：Youku 视频序列号 h/l_Sub 抽帧频率_GT/Res.y4m。

其中：

- 视频序列号：5 位数字的序列号。

- h：表示高分辨率；l：表示低分辨率。

- Sub 抽帧频率：表示针对视频，在时间上每多少帧做抽取处理。

- GT：表示高清真值（Ground-Truth）视频；Res：表示算法恢复结果视频。

比如，（Youku_00101_l.y4m，Youku_00101_h_GT.y4m）是第 101 个视频对，第一个为低分辨率视频，第二个为高清真值视频。

再比如，算法恢复的高分辨率视频命名为 Youku_ 00100_h_Res.y4m。如果进行了抽帧处理，则抽帧后的视频命名为 Youku_00100_h_Sub25_Res.y4m，其中 Sub25 表示在时间上每 25 帧抽取得到的结果。

1.4　评估指标

对于算法恢复的视频和抽帧结果，首先采用 PSNR（Peak Signal to Noise Ratio，图像的峰值信噪比）和 VMAF（Video Multi-Method Assessment Fusion，视频的多方法评测融合）两种评价指标进行逐帧计算。最终的 PSNR 结果为完整视频和抽帧视频中所有帧的平均值，最终的 VMAF 结果为完整视频所有帧 VMAF 结果的平均值。然后对 PSNR 和 VMAF 的得分进行加权，得到竞赛得分。

1. PSNR

如果给定一个大小为 $m \times n$ 的原始图像 I 和噪声图像 K，则它们之间的均方误差（MSE）定义为

$$\text{MSE} = \frac{1}{mn} \cdot \sum_{i=0}^{m-1}\sum_{j=0}^{n-1}\left(I(i,j) - K(i,j)\right)^2$$

相应地，$\text{PSNR}(\text{dB})$ 定义为 $\text{PSNR} = 10 \cdot \log_{10}\left(\dfrac{\max_I^2}{\text{MSE}}\right)$。其中，$\max_I^2$ 为图片可能的最大像素数。通常，如果每个像素由 B 位二进制数来表示，那么 $\max_I^2 = 2^B - 1$。

比如，当每个像素都用 8 位二进制数表示时，max_i^2 就为 255。

在一般情况下，针对 uint8 数据，最大像素数为 255；针对浮点型数据，最大像素数为 1。

2. VMAF

VMAF 是 Netflix 开发的一种感知视频质量评估算法，它使用机器学习算法将多种评估指标"融合"在一起，可以更好地对视频质量进行评估。

VMAF 开发工具包（VDK）是一个包含 VMAF 算法实现的软件包，另外，其允许用户训练和测试自定义 VMAF 模型工具。VDK 包为用户提供了许多与 VMAF 算法实现交互的方法。其中，其核心特征提取库是用 C 语言编写的，其余的脚本代码包括机器学习回归类、VMAF 模型的训练和测试等，都是用 Python 编写的。

3. 比赛的评估指标

比赛的评估指标通过综合 PSNR 和 VMAF 两种指标得到，计算公式如下：

$$Score = PSNR指标得分 \times 80\% + VMAF指标得分 \times 20\%$$

1.5 解题思路

如图 2-1-1 所示，建模基本流程分为以下三步。

图 2-1-1　建模基本流程

图片插值重建，也被称为超分辨率重建，是数字图像处理的一个重要研究分支。它是指利用多帧低分辨率图像/视频，通过一定的重建算法得到高分辨率图像/视频。图片插值重建是近年来学术研究的热门，已在工业界有广泛的应用。

本赛题通过对低清分辨率视频进行分帧处理，即输入低分辨率的单帧或多帧图像，输出高分辨率的单帧或多帧图像，再合成相应的高清分辨率的视频，故此问题为典型的视频/图像超分辨率（Video/Image Super Resolution）重建问题。

1.6 赛题模型

本赛题的关键步骤是将低分辨率图像转换为高分辨率图像，这需要应用图像增强重建模型。如图 2-1-2 所示，本赛题既可以使用传统插值算法实现图像增强重建，如线性插值、Bicubic（双三次插值）；也可以使用深度插值算法实现，如 SRCNN，FSRCNN，ESPCN，SRGAN 等深度算法，会在后续章节逐一介绍这些算法。图 2-1-3 所示为 SRCNN 的建模流程。

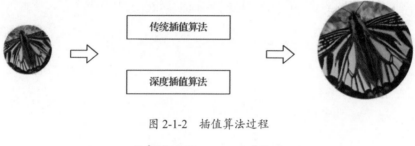

图 2-1-2 插值算法过程

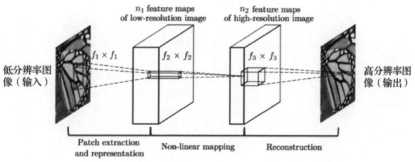

图 2-1-3 SRCNN 建模流程[20]

图 2-1-4 展示了传统插值算法和深度插值算法的效果对比。可以看到，采用传统插值算法 Bicubic 增强的图像，其 PSNR 为 24.04dB；而采用深度插值算法 SRCNN 增强的图像，其 PSNR 为 27.58dB，效果更好。

在后面的模型训练中，将采用上述算法来完成低分辨率视频重建高分辨率视频的过程。

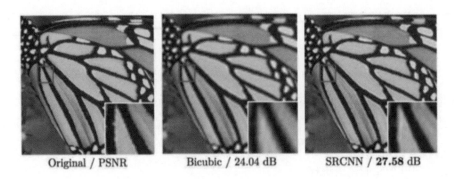

Original / PSNR   Bicubic / 24.04 dB   SRCNN / 27.58 dB

图 2-1-4   原图、Bicubic、SRCNN[20]

2 数据处理

下面我们来了解一下图像和视频的基本概念，并在此基础上了解视频处理的流程，如图 2-2-1 所示。

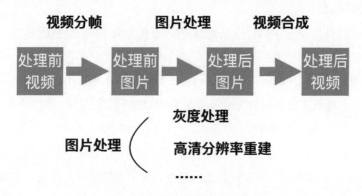

图 2-2-1　视频处理的流程

视频超清分辨率处理的流程与此类似，只需要在图片处理步骤中将灰度处理换成超分辨率重建即可。

2.1　视频和图像处理

2.1.1　图像基本概念

1. 图像

图像是人类视觉的基础，是自然景物的客观反映，是人类认识世界和人类本身的重要源泉。照片、绘画、剪贴画、地图、书法作品、手写汉字、传真、卫星云图、影视画面、X 光片、脑电图、心电图等都属于图像。

2. 分辨率

P（Progressive Scanning）：逐行扫描，表示像素总行数，纵向分辨率，即高度，如 1080P（比例 16：9，1920px×1080px）、720P（比例 16：9，1280px×720px）。

K（K Resolution）：表示像素总列数，横向分辨率，即宽度。只是一种类别，不是确切的数字。例如，2K（如 1920px×1080px）、4K（如 3840px×2160px）等。

PPI（Pixels Per Inch）：即每英寸像素数量，像素密度值。

3. 位深

每个像素的数据所占的位数，单位是 bit。

$$存储图像大小=分辨率×位深/8$$

4. 图片色彩

彩色图像是指图像中的每个像素都被分成 R，G，B 三个基色分量，每个基色分量都直接决定其基色的强度，这样产生的色彩被称为真彩色。例如，图像深度为 24，如果用 R：G：B=8：8：8 表示色彩，则 R，G，B 各占用 8 位来表示各自基色分量的强度，每个基色分量的强度等级都为 2^8=256 种。图像可容纳 2^{24}=16M 种色彩（24 位色），因此 24 位色被称为真彩色。它可以达到人眼分辨的极限，发色数是 1677 万多色，也就是 2 的 24 次方。但 32 位色并非是 2 的 32 次方的发色数，它其实也是 1677 万多色，不过增加了 256 阶颜色的灰度，为了方便称呼，就规定它为 32 位色。少量的显卡能达到 36 位色，即 24 位发色数再加上 512 阶颜色灰度。但其实自然界中的色彩是不能用任何数字归纳的，这些只是相对于人眼的识别能力。一般认为，基于人眼识别能力得到的色彩基本能反映原图的真实色彩，故称为真彩色。

灰度图像是每个像素只有一个采样颜色的图像。这类图像通常显示为从最暗的黑色到最亮的白色的灰度，理论上这个采样可以表示任何颜色的不同深浅，甚至可以是不同亮度上的不同颜色。灰度图像与黑白图像不同，在计算机图像领域中，黑白图像只有黑白两种颜色，灰度图像在黑色与白色之间还有许多级的颜色深度。

2.1.2 视频基本概念

1. 帧数

每秒传输帧数就是每秒经过的图像数量，单位是 FPS（Frames Per Second）。对于人眼来说，一般每秒 30 帧就可以达到流畅的观看体验。但在一些要求高的场景中（如 FPS 等游戏），可以感知到 60 帧。其表示方法为××P××，如 1080P60 表示分辨率为 1080P，帧数为 60。

2. 视频编码

视频编码是通过压缩技术，将原始视频格式文件转换成另一种视频格式文件，目标是用最低的码率达到最少的失真和更高的视频质量。视频编码运用的主要技术包括多参考帧的运动补偿、变块尺寸运动补偿、帧内预测编码等。目前主流的编码标准如下：

- 由 ISO（International Standard Organization，国际标准化组织）下属的 MPEG（Motion Picture Experts Group，运动图像专家组）制定的 MPEG 系列。

- 由 ITU（International Telecommunication Union，国际电传视讯联盟）制定的 H.26X（如 H.264，H.265）。

3. 码率

码率是单位时间传送的数据位数，单位是 Kbit/s，即千位每秒。码率和质量成正比，码率越高，质量越高；文件大小和码率成正比，码率越高，视频文件越大。

- 视频存储文件大小（KB）=码率（Kbit/s）×时间（秒）/8

- 视频流所需带宽 = 理论下载速度（Kbit/s）= 带宽（Mbit/s）/8

2.1.3　视频分帧

视频处理的第一步是对数据集中的高清视频和低清视频进行视频分帧处理，各分成 100 帧。图 2-2-2 所示为分帧前的视频截图。

图 2-2-2　分帧前的视频截图

对其进行分帧处理后，得到 100 帧图片，如图 2-2-3 所示。

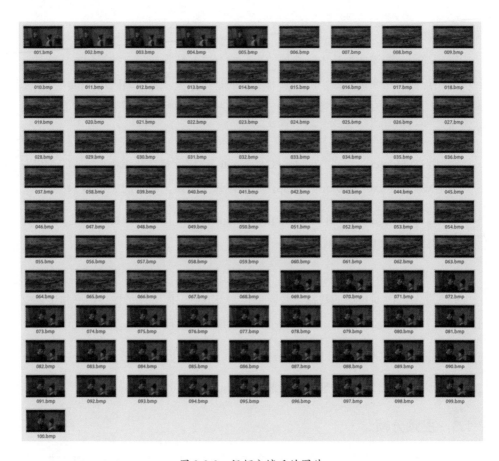

图 2-2-3　视频分帧后的图片

2.1.4　图像处理

图像处理，又被称为影像处理，是指用计算机对图像进行分析，以得到所需结果的技术。图像处理一般指数字图像处理。数字图像是指用工业相机、摄像机、扫描仪等设备得到的一个大的二维数组，该数组的元素被称为像素，其值被称为灰度值。

图像处理的方法包括图像变换、图像编码压缩、图像增强和复原、图像分割、图像表述和图像分类（识别）。

在本赛题中，我们对视频分帧后得到的图片进行图像超分辨率重建，其中会用到图像处理技术。此外，还会涉及用于处理多帧图像（视频）的视频超分辨率技术。

1. 图像灰度处理

灰度处理，是图像变换的一种，也是一种典型的图像处理方法。

由于图片本质上是由一个像素点的矩阵构成（通常为三维：长、宽、rgb 三个通道）的，因此通常所说的对图像的处理就是对矩阵中的像素点进行操作。假设你想要改变某个像素点的颜色，那么只要找到该像素点的位置即可。比如，像素点位于图像坐标系的 x 行，y 列，那么这个像素点的位置就可以表示成 (x, y)。由于像素点的颜色由红、绿、蓝三个颜色变量表示，因此通过改变变量的值就能改变像素点的颜色。比如，将蓝色（R=0，G=0，B=255）改成红色（R=255，G=0，B=0）。

那么，什么是图像的灰度处理呢？简单来说，就是像素点矩阵中的每一个像素点的值都满足 R=G=B 等式，即红色变量的值等于绿色变量的值，且等于蓝色变量的值，此时这个值被称为灰度值，如图 2-2-4 所示。

模糊图片

灰度模糊图片

图 2-2-4　灰度处理

下面介绍一种最简单的灰度处理方法，即平均值法。

- 灰度处理后的 R=（处理前的 R + 处理前的 G +处理前的 B）/ 3

- 灰度处理后的 G=（处理前的 R + 处理前的 G +处理前的 B）/ 3

- 灰度处理后的 B=（处理前的 R + 处理前的 G +处理前的 B）/ 3

2. 超分辨率处理

与图像灰度处理一样，超分辨率处理也是图像处理的一种，它们都是通过对图片的像素进行处理，得到新图片，如图 2-2-5 所示。

模糊图像   高分辨率图像

图 2-2-5　超分辨率处理

在本质上，超分辨率算法和传统的图像放大算法基本相同，都是利用已有的图像信息去预测需要的像素点。

不同的是，传统算法的预测模型非常简单，可以通过人工设计的方式实现。例如，双线性插值就是利用目标像素周围的四个点来做预测，且离目标位置越近的点的权重越大。

为了得到更精确的预测结果，超分辨率算法的预测模型要复杂很多。其一般有多个卷积层和激活层，会利用目标像素周围很大一片区域的图像信息，包含成千上万个模型参数。此时，其仅仅依靠人工设计不能现实，必须要依靠机器学习的方式来决定参数。

2.1.5　图片合成视频

在处理完图片后，需要将 100 帧图片分别合成低清视频和高清视频。本赛题需要先将测试集分帧生成的低清视频图像进行图像超分辨率重建，然后合成高清视频。

图 2-2-6 所示为其中的一组 100 帧图片，图 2-2-7 所示为合成视频的截图。

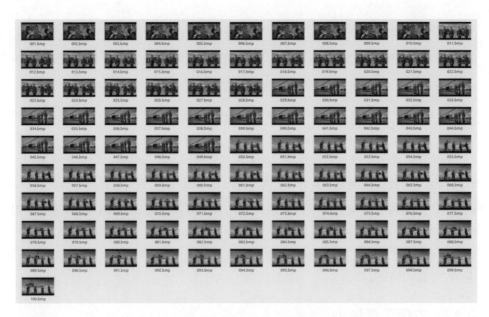

图 2-2-6 合成视频前的分帧图片

图 2-2-7 合成后的视频截图

2.2 工具包

2.2.1 OpenCV 库

下面来了解一下计算机视觉中经典的专用库——OpenCV 库。其基于 BSD 许可开源的开源程序，支持多语言，拥有跨平台的特性，能在 Windows，Linux，Android，macOS 等操作系统上运行。另外，它由 C 语言和 C++ 撰写，运行高效，同时也提供了 Python，Java 和 MATLAB 等常用语言接口。

2.2.2　FFmpeg 库

FFmpeg 是一个对视频进行处理、记录和转换的开源工具库，提供了从录制、转换到流化音视频的整套解决方案，是采用 LGPL 或 GPL 许可证进行开源的程序。**FFmpeg** 库能很好地支持跨平台使用，是优秀的多媒体处理工具。我们将会使用 **FFmpeg** 库对视频进行分帧处理。

2.3　数据处理

2.3.1　安装工具包

```
# Linux 命令
# 解压 youku 数据
# unzip youku.zip
# 安装 FFmpeg
pip install ffmpeg
# 安装 OpenCV
pip install opencv-python
```

2.3.2　导入工具包

```
import ffmpeg
import os
import cv2
```

2.3.3　视频转图片函数

```
def video2img(dir_video, dir_imgs):
    stream = ffmpeg.input(dir_video)
    stream = ffmpeg.output(stream, dir_imgs)
    ffmpeg.run(stream)
```

1. 高清视频转换为图片

将高清视频转换为 100 张图片：

```
input_dir = './HIGH/'
output_dir = './h_GT/'
```

```
if not os.path.exists(output_dir):
    os.mkdir(output_dir)
list_files = os.listdir(input_dir)

# for i in range(len(list_files)):
for i in range(1):
    file_name = list_files[i]
    dir_video = input_dir + file_name
    dir_out = output_dir + file_name[:-4] + '/'
    if not os.path.exists(dir_out):
        os.mkdir(dir_out)
    dir_out = dir_out + '%3d.bmp'
    video2img(dir_video, dir_out)
```

2　低清视频转换为图片

低清视频转换为图片的过程与高清视频的转换类似。

2.3.4　读取图片并获取大小

1. 读取高清图片

```
path = "./h_GT/Youku_00000_h_GT/001.bmp"
img = cv2.imread(path)
img.shape
(1080, 1920, 3)
```

高清图片展示（图2-2-8）：

```
cv2.imshow(path,img)
cv2.waitKey(0)
```

图 2-2-8　高清图片

2. 读取低清图片

读取低清图片的操作与读取高清图片的类似。

2.3.5　读取图片并进行灰度处理

```
path = "./h_GT/Youku_00049_h_GT/001.bmp"
img = cv2.imread(path)
dst = cv2.cvtColor(img, cv2.COLOR_BGR2GRAY)
```

结果如图 2-2-9 所示。

图 2-2-9　灰度处理图片

2.3.6　分帧后的图片灰度处理

高清图片灰度处理：

```
input_dir = './h_GT/Youku_00000_h_GT/'
output_dir = './h_GT_gray/'
if not os.path.exists(output_dir):
    os.mkdir(output_dir)
list_imgs = os.listdir(input_dir)

for i in range(len(list_imgs)):
    imgs_name = list_imgs[i]
    img = cv2.imread(input_dir + imgs_name)
    gray = cv2.cvtColor(img, cv2.COLOR_BGR2GRAY)
    cv2.imwrite(output_dir + imgs_name, gray)
```

结果如图 2-2-10 所示：

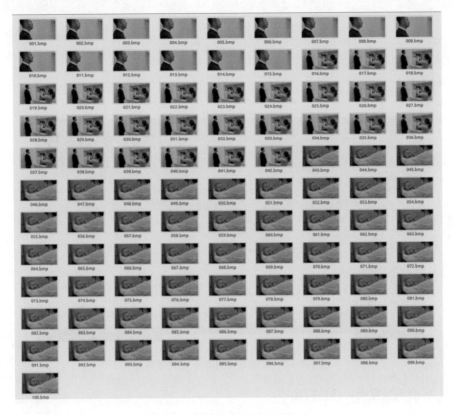

图 2-2-10 视频分帧并灰度处理

低清图片灰度处理的操作与之类似。

2.3.7 图片转视频函数

```
def imgs2dideo(imgs_dir, video_dir):
    stream = ffmpeg.input(imgs_dir)
    stream = ffmpeg.output(stream, video_dir, pix_fmt='yuv420p')
    ffmpeg.run(stream)
```

1. 高清灰度图片合成视频

高清灰度图片合成高清灰度视频：

```
input_dir = './h_GT_gray/'
output_dir = './h_GT_mv_gray/'
if not os.path.exists(output_dir):
```

```
    os.mkdir(output_dir)
list_imgs = os.listdir(input_dir)

output_dir = output_dir + 'gray_h_GT_Res.y4m'
imgs2dideo(input_dir+'/%3d.bmp' , output_dir)
```

结果如图 2-2-11 所示。

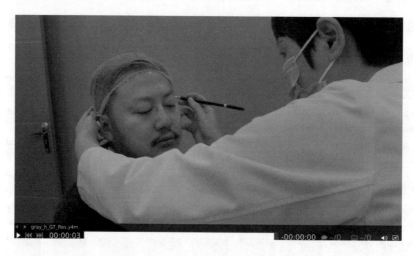

图 2-2-11　灰度高清图片合成视频截图

2. 低清灰度图片合成视频

低清灰度图片合成低清灰度视频的操作与高清灰度图片的操作类似。

3 传统插值方法

3.1 插值方法

下面介绍传统图像插值方法在超分辨率重建中的应用。

3.1.1 插值方法的基本概念

图像插值是在基于模型的框架下，将低分辨率图像生成高分辨率图像的过程，以恢复图像中丢失的信息。

插值分为图像内插值和图像间插值。图像内插值是根据一幅较低分辨率的图像再生出另一幅具有较高分辨率的图像，主要应用于对图像进行放大及旋转等操作中。图像间插值是指在图像序列之间再生出若干幅新的图像，可应用于医学图像序列切片和视频序列之间的插值。通常所说的图像插值是指图像内插值，就是对单帧图像的重建过程，这就意味着其是通过原有图片像素数据生成新的像素数据。

常用的图像插值方法有最近邻（Nearest-Neighbour）插值、双线性（Bilinear）插值、双平方插值、双立方插值及其他高阶方法。

图像插值应用广泛，下面是常见的应用场景。

- 在图像采集、传输和现实过程中，由于不同的显示设备有不同的分辨率，因此需要对视频序列和图像进行分辨率转换，如大屏幕显示图像和制作巨幅广告招贴画。

- 当用户需要专注于图像的某些细节时，需要对图像进行放缩变换，如图像浏览软件中的放大镜功能。

- 在视频传输中，为了有效利用有限的带宽，一般会先传输低分辨率的视频流，然后在接收端使用插值算法将其转换成高分辨率的视频流。

- 为了提高图像的存储和传输效率，需要进行图像的压缩和重构，如计算机虚拟现实技术中的图像差值。

- 在图像恢复时，已经被损坏的或者有噪声污染的图像，可以通过插值方法对图像进行重建和恢复，如在侦破案件时，警方发现的存在污损的身份证照片。

3.1.2 插值原理

如图 2-3-1 所示，我们如何求解 P 点的值呢？

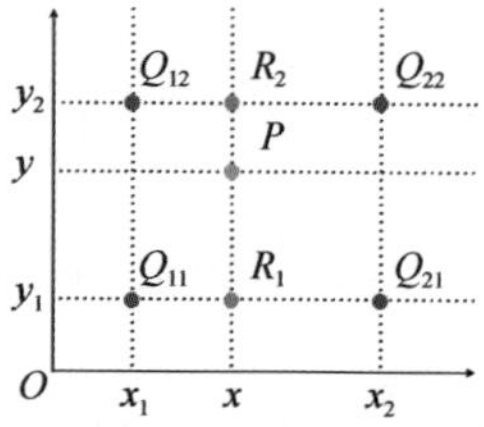

在计算 $P(x,y)$ 之前，我们先来了解一下图像插值函数在数学上的定义。

假设函数 $z = f(x,y)$ 在区间 $[a,b] \times [c,d]$ 上有定义，且已知在点 $a < x_0 < x_1 < \cdots < x_n < b$，$c < y_0 < y_1 < \cdots < y_n < d$ 上的值为 $z_0, z_1, \cdots, z_n$，那么若存在简单函数 $P(x,y)$ 使得 $P(x,y) = z_{i,j} (i,j = 0,1,\cdots,n)$ 成立，则就称 $P(x,y)$ 为 $f(x,y)$ 的插值函数，$(x_0,y_0)(x_1,y_1)\cdots(x_n,y_n)$ 为插值节点，包含插值节点的区间 $[a,b] \times [c,d]$ 为插值区间，求插值函数 $P(x,y)$ 的方法就是插值法。

图 2-3-1 插值示意图

可以看出，求解图中 P 点的值的本质（即图像插值），就是一个二维的插值算法，即通过对低清分辨率图片进行插值生成高清分辨率图片。

3.2 插值算法

下面用图形展示最经典的集中插值算法：最邻近插值算法、线性（Linear）或双线性插值算法和三次（Cubic）或双三次（Bicubic Interpolation）插值算法，如图 2-3-2 所示。

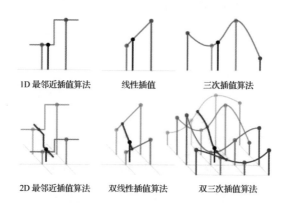

图 2-3-2 插值函数

3.2.1 最近邻插值算法

最近邻插值算法，是指在源图像中找到与目标图像中的点最相邻的整数点，作为插值后的输出。

如图 2-3-1 中的 P 点，由于

Q_{11} 点：$Q_{11}(x_1,y_1)$；Q_{12} 点：$Q_{12}(x_1,y_2)$；

Q_{21} 点：$Q_{21}(x_2,y_1)$；Q_{22} 点：$Q_{22}(x_2,y_2)$；

因此，$P(x,y)=f\left(Q_{11}(x_1,y_1),Q_{12}(x_1,y_2),Q_{21}(x_2,y_1),Q_{22}(x_2,y_2)\right)$。其中，$Q_{12}$ 点离目标 P 点最近，故目标 P 点的值可以用 Q_{12} 点的值来表示，即 $P(x,y)=Q_{12}(x_1,y_2)$。

图 2-3-3 所示为效果图。

图 3-3-3　最近邻插值效果

3.2.2 双线性插值算法

双线性插值算法，又被称为双线性内插。在数学上，双线性插值算法是有两个变量的插值函数的线性插值扩展，其核心思想是在两个方向上分别进行一次线性插值。

双线性插值算法作为数值分析中的一种插值算法，广泛应用在信号处理、数字图像和视频处理等方面。

如图 2-3-1 所示，假设要通过 $Q_{11},Q_{12},Q_{21},Q_{22}$ 的值，求解目标 P 点的值，双线性插值算法的求解过程如下。

第一步：

$$f(R_1) \approx \frac{x_2 - x}{x_2 - x_1} f(Q_{11}) + \frac{x - x_1}{x_2 - x_1} f(Q_{21})$$

$$f(R_2) \approx \frac{x_2 - x}{x_2 - x_1} f(Q_{12}) + \frac{x - x_1}{x_2 - x_1} f(Q_{22})$$

第二步：

$$f(P) \approx \frac{y_2 - y}{y_2 - y_1} f(R_1) + \frac{y - y_1}{y_2 - y_1} f(R_2)$$

图 2-3-4 所示为效果图。

图 2-3-4　双线性插值效果

3.2.3　双三次插值算法

双三次插值算法，又被称为立方卷积插值算法，是一种更加复杂的插值方法。该算法利用待采样点周围 16 个点的灰度值做三次插值，不仅要考虑 4 个直接相邻点的灰度影响，而且要考虑各个邻点间灰度值变化率的影响。三次运算可以得到更接近高分辨率图像的放大效果，但也会导致运算量的急剧增加。这种算法需要选取插值基函数来拟合数据，其最常用的双三次插值基函数如下所示：

$$W(x) = \begin{cases} (a+2)|x|^3 - (a+3)|x|^2 + 1, & |x| \leqslant 1 \\ a|x|^3 - 5a|x|^2 + 8a|x| - 4a, & 1 < |x| < 2 \\ 0, & \text{其他} \end{cases}$$

图像最终值：

$$f(x, y) = \sum_{i=0}^{3} \sum_{j=0}^{3} f(x_i, y_i) W(x - x_i) W(y - y_i)$$

其中，每个像素的权重由该点到待求像素点的距离确定，这个距离包括水平和竖直两个方向上的距离。以像素点 Q_{23} 为例，该点在竖直和水平方向上与待求像素点 P 的距离分别为 $x-x_2$ 和 $y-y_3$，和该像素点的权重分别为 $|x-x_2|^3-2|x-x_2|^2+1$ 和 $|y-y_2|^3-2|y-y_2|^2+1$。其中，双三次插值基函数可取 $a=-1$，$x-x_2<1$，$y-y_3<1$，那么 P 点的值就可以由 $Q_{11},\cdots,Q_{44}$ 16 个值及相应的权重计算获得，如图 2-3-5 所示。

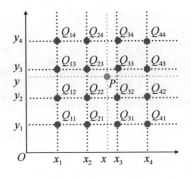

图 2-3-5 双三次插值原理

图 2-3-6 所示为效果图。

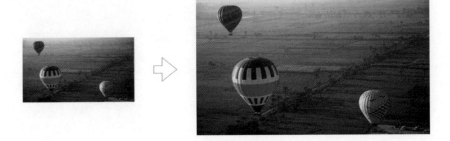

图 2-3-6 双三次插值效果

3.3 几种传统插值算法结果对比

应用几种传统插值算法对低分辨率图像进行重建，结果如图 2-3-7 所示。

由此可以看出，基于 4px×4px 邻域的三次插值算法的效果要优于双线性插值算法的，而双线性插值算法的要优于最近邻插值算法的。

原始图片

最近邻插值算法PSNR：32.66

双线性插值算法PSNR：32.98

基于4px×4px邻域的三次
插值算法PSNR：33.05

图 2-3-7　传统插值方法 PSNR 对比

3.4　数据处理

3.4.1　导入工具包

```
# 导入 OpenCV
import cv2
# 导入 Numpy
import numpy as np
# 导入数学库
import math
```

3.4.2　读取图片

```
path_l = "./l/Youku_00000_l/001.bmp"
path_GT = "./h_GT/Youku_00000_h_GT/001.bmp"

img_l = cv2.imread(path_l)
img_GT = cv2.imread(path_GT)
```

3.4.3　最近邻插值算法

```
size_l = (480, 270)
size = (1920, 1080)
```

```
new_img = cv2.resize(img_l, size, interpolation=cv2.INTER_NEAREST)
cv2.imwrite("./l/Youku_00000_l/001_INTER_NEAREST.bmp", new_img)
```

3.4.4　双线性插值算法

```
new_img = cv2.resize(img_l, size, interpolation=cv2.INTER_LINEAR)
cv2.imwrite("./l/Youku_00000_l/001_INTER_LINEAR.bmp", new_img)
```

3.4.5　基于 4px×4px 邻域的三次插值算法

```
new_img = cv2.resize(img_l, size, interpolation=cv2.INTER_CUBIC)
cv2.imwrite("./l/Youku_00000_l/001_INTER_CUBIC.bmp", new_img)
```

3.4.6　不同插值函数计算 PSNR

```
def psnr(img1, img2):
    mse = np.mean((img1 - img2) ** 2 )
    if mse < 1.0e-10:
        return 100
    return 10 * math.log10(255.0**2/mse)
```

3.4.7　传统插值方法效果对比

1. INTER_NEAREST - 最近邻插值算法

```
path = "./l/Youku_00000_l/001_INTER_NEAREST.bmp"
img_INTER_NEAREST = cv2.imread(path)
print('INTER_NEAREST - 最近邻插值法 PSNR:
',psnr(img_GT,img_INTER_NEAREST))
INTER_NEAREST - 最近邻插值法 PSNR:  32.65956115894927
```

2. INTER_LINEAR - 双线性插值算法

```
path = "./l/Youku_00000_l/001_INTER_NEAREST.bmp"
img_INTER_LINEAR = cv2.imread(path)
print('INTER_LINEAR - 双线性插值法 PSNR:
',psnr(img_GT,img_INTER_LINEAR))
INTER_LINEAR - 双线性插值法 PSNR: 32.98784397571444
```

3. INTER_CUBIC - 基于 4px×4px 邻域的三次插值算法

```
path = "./l/Youku_00000_l/001_INTER_NEAREST.bmp"
img_INTER_CUBIC = cv2.imread(path)
```

```
print('INTER_CUBIC - 基于 4px×4px 邻域的三次插值算法 PSNR:
',psnr (img_GT,img_INTER_CUBIC))
INTER_CUBIC - 基于 4px×4px 邻域的三次插值算法 PSNR: 33.049889050586366
```

3.4.8　Bicubic 插值算法

1. 基函数

```
def base_function(x, a=-0.5):
    # describe the base function sin(x)/x
    Wx = 0
    if np.abs(x)<=1:
        Wx = (a+2)*(np.abs(x)**3) - (a+3)*x**2 + 1
    elif 1<=np.abs(x)<=2:
        Wx = a*(np.abs(x)**3) - 5*a*(np.abs(x)**2) + 8*a*np.abs(x) -
4*a
    return Wx
```

2. 辅助函数

```
def padding(img):
    h, w, c = img.shape
    print(img.shape)
    pad_image = np.zeros((h+4, w+4, c))
    pad_image[2:h+2, 2:w+2] = img
    return pad_image
```

3. Bicubic 插值函数

```
def bicubic(img, sacle, a=-0.5):
    print("Doing bicubic")
    h, w, color = img.shape
    img = padding(img)
    nh = h*sacle
    nw = h*sacle
    new_img = np.zeros((nh, nw, color))

    for c in range(color):
        for i in range(nw):
            for j in range(nh):
```

```
                px = i/sacle + 2
                py = j/sacle + 2
                px_int = int(px)
                py_int = int(py)
                u = px - px_int
                v = py - py_int

                A = np.matrix([[base_function(u+1, a)],
[base_function(u, a)], [base_function(u-1, a)], [base_function(u-2,
a)]])
                C = np.matrix([base_function(v+1, a), base_function(v,
a), base_function(v-1, a), base_function(v-2, a)])
                B = np.matrix([[img[py_int-1, px_int-1][c],
img[py_int-1, px_int][c], img[py_int-1, px_int+1][c], img[py_int-1,
px_int+2][c]],
                        [img[py_int, px_int-1][c], img[py_int,
px_int][c], img[py_int, px_int+1][c], img[py_int, px_int+2][c]],
                        [img[py_int+1, px_int-1][c], img[py_int+1,
px_int][c], img[py_int+1, px_int+1][c], img[py_int+1, px_int+2][c]],
                        [img[py_int+2, px_int-1][c], img[py_int+2,
px_int][c], img[py_int+2, px_int+1][c], img[py_int+2, px_int+2][c]]])
                new_img[j, i][c] = np.dot(np.dot(C, B), A)
    return new_img
```

4. 使用 Bicubic 插值函数进行增强

```
sacle = 4
path = "./1/Youku_00000_1/001.bmp"
img = cv2.imread(path)
new_img = bicubic(img, sacle)
cv2.imwrite( "./1/Youku_00000_1/001_Bicubic.bmp", new_img)
print("Finish")
Doing bicubic
(270, 480, 3)
Finish
```

4 深度插值方法

传统的插值技术存在对图片增强清晰度低、模糊等缺点。随着人工智能技术的快速发展，深度技术，特别是卷积神经网络技术，在图像处理领域，特别是高清分辨率增强领域中大放异彩。下面我们来了解一些深度技术在图片插值领域中的运用。

4.1 深度学习

深度学习的概念源于对人工神经网络的研究。含多隐藏层的多层感知器就是一种深度学习结构，如图 2-4-1 所示。

深度学习网络通过神经元从输入数据中提取特征，并通过组合低层特征形成更加抽象的高层特征（表示），以发现数据的分布式特征，从而达到人们对数据进行分类、回归的目的。

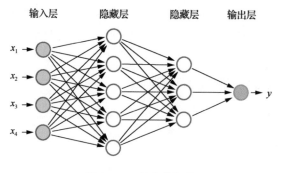

图 2-4-1 多层感知器

4.1.1 卷积神经网络

卷积神经网络是一种多层神经网络，擅长处理图像，特别是大图像的机器学习问题。卷积神经网络通过一系列方法，成功将数据量庞大的图像识别问题不断降维，最终使其能够被训练。卷积神经网络由于最早由 Yann LeCun 提出，并应用在手写字体识别上，因此相应的网络被命名为 LeNet。

　　LeNet 是一个典型的卷积神经网络，包含数据输入层（Input Layer）、卷积计算层（Convolution Layer）、激活层（Activiation Layer）、池化层（Pooling Layer）、全连接层（Full Connection Layer），如图 2-4-2 所示。卷积层完成特征抽取操作，其受到局部感受野概念的启发；而池化层主要是为了降低数据维度，抽取最关键或者综合的特征信息。卷积层与池化层通过配合组成多个卷积组，并逐层提取特征，最终通过若干个全连接层完成分类。

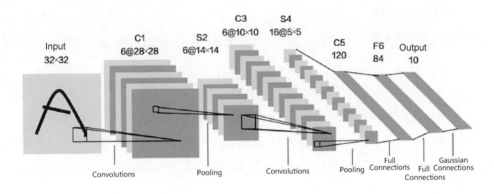

图 2-4-2　LeNet[21]

　　其中，感受野为视觉神经网络的概念。在特征图中，某个位置的特征向量是由前面某一层固定区域的输入计算出来的，那么，这个区域就是这个位置的感受野。通过卷积滤波从图像或者特征图中抽取相应的信息，就可以形成新的特征图。卷积神经网络，即通过卷积来模拟特征抽取。其中卷积的权值共享降低了网络参数的数量级，池化层的使用可以降低特征维度。

1. 数据输入层

数据输入层，即数据输入的层。卷积神经网络输入的数据形式如下：

● 一维数组：时间或频谱采样。

● 二维数组：一个通道，黑白图像。

● 三维数组：多个通道，彩色图像。

● 四维数组：视频。

通常，在数据被输入卷积神经网络之前需要进行预处理，常用的预处理包括去均值、归一化、PCA/白化等操作。

- 去均值：把输入数据的各个维度都中心化为 0，其目的就是把样本的中心拉回到坐标系原点上。

- 归一化：将幅度归一化到同样的范围，一般归一到[0，1]或者[-1，1]。

- PCA/白化：用 PCA 降维；白化是对数据各个特征轴上的幅度归一化。

其中，去均值、归一化等操作有利于提高模型训练收敛的速度。

2. 卷积计算层

卷积是积分变换的一种数学方法。在二维变换中，卷积计算的公式如下：

$$y(x, y) = \sum_{i=1}^{m}\sum_{j=1}^{n} f(i, j) g(i - x, j - y)$$

其中，$g(x, y)$ 为滤波函数（卷积核），$f(i, j)$ 为二维图片中的点，$y(x, y)$ 是卷积计算所得的值。可以看出，$y(x, y)$ 为两个变量在某范围内相乘后求和的结果。在卷积神经网络中，卷积层的操作就是使用相同的滤波函数处理图中所有的点，得到新的特征图。

如 2-4-3 图所示，就是一个经典的 3×3 卷积的滤波过程，后面的蓝色值就是卷积计算所得值。所有点经过卷积函数作用后，就形成一个和前面一样大小的新特征图。

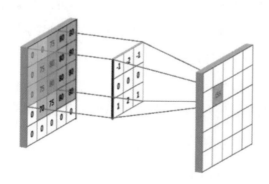

图 2-4-3　卷积神经网络

下面是卷积神经网络中有关卷积运算的一些基本概念：

- 卷积核大小：定义了卷积操作的感受野。在二维卷积中，通常被设置为 3，即卷积核大小为 3×3。

- 步幅：定义了卷积核遍历图像时的步幅大小。其默认值通常为 1，也可以将步幅设置为 2 后对图像进行下采样，这种方式与最大池化类似。

- 边界扩充：定义了网络层处理样本边界的方式。当卷积核大于 1 且不进行边界扩充时，输出的尺寸会相应缩小；当卷积核以标准方式进行边界扩充时，输出数据的空间尺寸与输入的相等。

- 输入与输出通道：在构建卷积层时需要定义输入通道 I，并由此确定输出通道 O。这样，即可算出每个网络层的参数量为 $I \times O \times K$，其中 K 为卷积核的参数个数。例如，如果某个网络层有 64 个大小为 3×3 的卷积核，则对应的 K 值为 $3 \times 3 = 9$。

同时，卷积运算具有参数共享机制的特征，这使其与全连接神经网相比，具有参数量小的优点。

3. 激活层

如图 2-4-4 所示，激活层主要用于为网络层增加非线性变换。激活层是神经网络的经典组成部分，其对卷积层输出结果做非线性映射。如果没有激活层，则所有的神经网络都将退化成线性网络，而无法表达更复杂的信息特征。

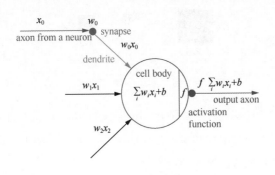

图 2-4-4　激活层

如没有特别说明，激活函数一般是非线性函数。假设一个示例神经网络中仅包含线性卷积和全连接运算，则该网络仅能表达线性映射，即便增加网络的深度依旧是线性映射，难以对实际环境中非线性分布的数据进行有效建模。在加入（非线性）激活函数之后，深度神经网络才具备了分层的非线性映射学习能力。

常用的激活函数如图 2-4-5 所示。

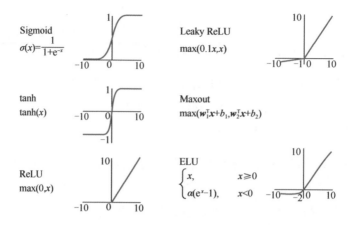

图 2-4-5　激活函数

4. 池化层

池化层通常夹在连续的卷积层中间，对特征图进行下采样，如图 2-4-6 所示。

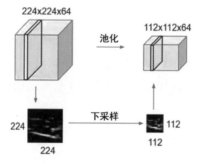

图 2-4-6　池化层

池化层可以对特征图进行平均池化（Average Pooling）、最大池化（Max Pooling）等，图 2-4-7 展示了平均池化和最大池化的操作原理，平均池化即对一定区域取平均值，最大池化则是取该区域内的最大值。

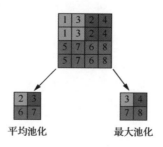

图 2-4-7　池化层

与此同时，池化层具有以下性质：

（1）特征不变性，也就是在图像处理中经常提到的特征的尺度不变性，即图像压缩时去掉的信息只是一些无关紧要的信息，而留下的信息则是具有尺度不变性的信息，是最能表达图像特征的信息。

（2）特征降维。由于一幅图片含有大量的信息和特征，但是在做图像任务时，有些信息没有太大用途或者信息存在重复，因此我们可以把冗余信息去除，把最重要的特征抽取出来，这也是池化操作的作用之一。

（3）在一定程度上防止过拟合，更方便优化。

5. 全连接层

全连接层指的是层中的每个节点都会连接它下一层的所有节点，是模仿人脑神经结构来构建的。脑神经科学家发现，人的认知能力、记忆力和创造力都源于不同神经元之间的连接强弱。

卷积神经网络中的卷积层和池化层能够对输入数据进行特征提取，而全连接层的作用则是对提取的特征进行线性组合以得到输出，如图 2-4-8 所示，即全连接层本身不具有特征提取能力，而是试图利用现有的高阶特征完成学习目标，如完成分类或者回归任务。

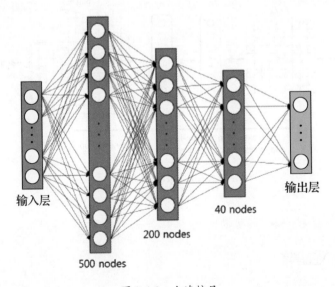

图 2-4-8　全连接层

4.1.2　使用 SRCNN 实现超清分辨率

SRCNN（Super Resolution Convolutional Neural Network），即用 CNN 实现超清分辨率重建。具体实现步骤如下：

使用 Bicubic 插值将低分辨率的图像放大至目标尺寸。

- 第一层卷积层（CNN）：提取输入图片的特征（由 9×9×64 卷积核和激活层组成）。

- 第二层卷积层（CNN）：对第一层提取的特征进行非线性映射（由 1×1×32 卷积核和激活层组成）。

- 第三层卷积层（CNN）：对映射后的特征进行重建，生成高分辨率图像（由 5×5×3 卷积核组成）。

采用 MSE 函数作为卷积神经网络的损失函数：

$$\text{Loss} = \frac{1}{mn} \cdot \sum_{i=0}^{m-1} \sum_{j=0}^{n-1} \left(I_{\text{high}}(i,j) - M\left(I_{\text{low}}(i,j)\right) \right)^2$$

SRCNN 结构，如图 2-4-9 所示。

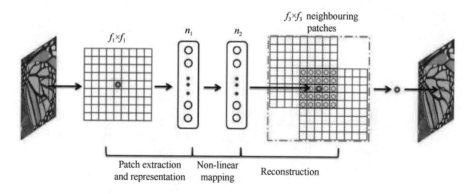

图 2-4-9　SRCNN 结构[20]

4.2　赛题实践

4.2.1　导入工具包

```
import cv2
import numpy as np
```

```
import tensorflow as tf
from tensorflow import keras
```

4.2.2 读取图片

```
path_l = "./l/Youku_00000_l/001.bmp"
path_GT = "./h_GT/Youku_00000_h_GT/001.bmp"


img_l = cv2.imread(path_l)/255.0
img_GT = cv2.imread(path_GT)/255.0
```

4.2.3 使用 Bicubic 插值放大至目标尺寸

```
size_super = (1920, 1080)
new_img = cv2.resize(img_l, size_super,
interpolation=cv2.INTER_CUBIC)
```

4.2.4 实现 SRCNN

```
def srcnn():
    # 输入：Bicubic 插值处理低清图像
    inputs = keras.layers.Input(shape=(1080, 1920, 3))
    # 第一层 CNN：对输入图片的特征进行提取（9×9×64 卷积核）
    cnn = keras.layers.Conv2D(64, 9, padding='same',
activation='relu')(inputs)
    # 第二层 CNN：对第一层提取的特征进行非线性映射（1×1×32 卷积核）
    cnn = keras.layers.Conv2D(32, 1, padding='same',
activation='relu')(cnn)
    # 第三层 CNN：对映射后的特征进行重建，生成高分辨率图像（5×5×3 卷积核）
    outputs = keras.layers.Conv2D(3, 5, padding='same')(inputs)

    # 模型编译
    model = keras.models.Model(inputs=[inputs], outputs=[outputs])
    model.compile(optimizer=tf.optimizers.Adam(1e-1),
loss=tf.losses.mse, metrics=['mse'])
    return model
```

4.2.5 SRCNN 模型训练

```
# SRCNN 模型
model = srcnn()
```

```
model.summary()
Model: "model"
```

Layer (type)	Output Shape	Param #
input_1 (InputLayer)	[(None, 1080, 1920, 3)]	0
conv2d_2 (Conv2D)	(None, 1080, 1920, 3)	228

```
Total params: 228
Trainable params: 228
Non-trainable params: 0
```

```
# 模型监控：自动调节学习率
plateau = keras.callbacks.ReduceLROnPlateau(monitor='val_loss',
verbose=0, mode='min', factor=0.10, patience=6)
# 模型在验证集效果达到最优时停止
early_stopping = keras.callbacks.EarlyStopping(monitor='val_loss',
verbose=0, mode='min', patience=25)
# 模型在最优点保持
checkpoint = keras.callbacks.ModelCheckpoint('srcnn.h5',
monitor='val_loss', verbose=0, mode='min', save_best_only=True)
# 训练数据
x = np.array([new_img,new_img])
y = np.array([img_GT,img_GT])
# 模型训练
model.fit(x, y, epochs=10, batch_size=2, verbose=1, shuffle=True,
validation_data=(x, y), callbacks=[plateau, early_stopping,
checkpoint])
Train on 2 samples, validate on 2 samples
Epoch 1/10
2/2 [==============================] - 6s 3s/sample - loss: 0.3790 -
mse: 0.3790 - val_loss: 6.3449 - val_mse: 6.3449
Epoch 2/10
2/2 [==============================] - 2s 851ms/sample - loss: 6.3449
- mse: 6.3449 - val_loss: 0.5704 - val_mse: 0.5704
Epoch 3/10
2/2 [==============================] - 2s 757ms/sample - loss: 0.5704
- mse: 0.5704 - val_loss: 1.2523 - val_mse: 1.2523
```

```
Epoch 4/10
2/2 [==============================] - 1s 714ms/sample - loss: 1.2523
- mse: 1.2523 - val_loss: 3.3858 - val_mse: 3.3858
Epoch 5/10
2/2 [==============================] - 1s 734ms/sample - loss: 3.3858
- mse: 3.3858 - val_loss: 2.1090 - val_mse: 2.1090
Epoch 6/10
2/2 [==============================] - 2s 758ms/sample - loss: 2.1090
- mse: 2.1090 - val_loss: 0.2682 - val_mse: 0.2682
Epoch 7/10
2/2 [==============================] - 1s 731ms/sample - loss: 0.2682
- mse: 0.2682 - val_loss: 0.2681 - val_mse: 0.2681
Epoch 8/10
2/2 [==============================] - 1s 702ms/sample - loss: 0.2681
- mse: 0.2681 - val_loss: 1.4389 - val_mse: 1.4389
Epoch 9/10
2/2 [==============================] - 1s 727ms/sample - loss: 1.4389
- mse: 1.4389 - val_loss: 1.7507 - val_mse: 1.7507
Epoch 10/10
2/2 [==============================] - 1s 719ms/sample - loss: 1.7507
- mse: 1.7507 - val_loss: 0.9181 - val_mse: 0.9181
```

4.2.6 SRCNN 模型验证

```
model.evaluate(x, y, verbose=0)
```

4.2.7 SRCNN 模型预测

```
pic_super = model.predict(x, verbose=0, batch_size=1)
```

4.2.8 保存图片

```
cv2.imwrite("./srcnn_00.bmp", pic_super[0])
```

5 深度学习方法改进

SRCNN 的效果远远好于传统方法，但是其存在两个问题：

（1）需要先使用 Bicubic 插值算法，其使用比较麻烦，而且比较耗时。

（2）当将低分辨率图片插值到高分辨率图片时，在模型参数量不变的情况下，要想生成越多的超分倍数的高分辨率图片，模型所需的计算量就越大，非常耗时。

我们可以考虑从以下两方面来解决上面的问题：

（1）是否可以用深度学习方法去掉插值操作？

（2）是否可以减少参数量和计算量？

下面介绍的两种方法就是从这些方面对 SRCNN 进行改进的。

5.1 FSRCNN 实现超清分辨率

FSRCNN（Faster Super-Resolution Convolutional Neural Network）主要采用下面三种方法对 SRCNN 进行端到端的加速。

（1）如图 2-5-1 所示，FSRCNN 使用反卷积来替代插值的预处埋进行上采样，不再采用 SRCNN 中对输入进行插值的预处理。FSRCNN 模型可以直接进行端到端的学习，并得到低分辨率输入与高分辨率输出之间的映射关系，这样，输入还是原始的低分辨率图片，但模型的计算量会小很多。

（2）使用 ResNet bottleneck 架构来提高模型精度。

（3）使用更小的卷积和更多的卷积层来替代大的卷积核。

FSRCNN 有如下优势：

（1）在生成不同高清分辨率图片时，FSRCNN 只需要调节（tuning）用于上采样的反卷积权重，其余卷积层的参数量保持不变。这样，在保持重建质量的同时，可以大幅度加快训练的速度。

（2）相对于 SRCNN，FSRCNN 的速度有很大提升，轻量级别的 FSRCNN-s 可以达到实时，经过优化的模型的速度是 SRCNN-Ex 的 40 倍以上，如图 2-5-2 所示。

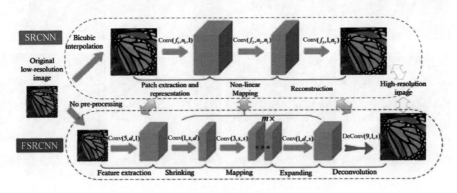

图 2-5-1　FSRCNN 网络结构[22]

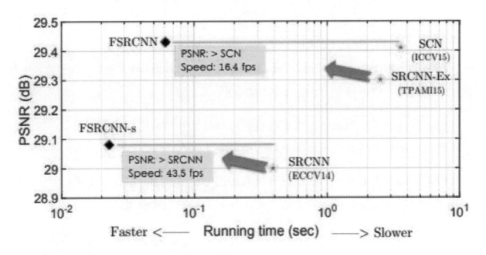

图 2-5-2　速度[22]

FSRCNN 模型的效果图，如图 2-5-3 所示。

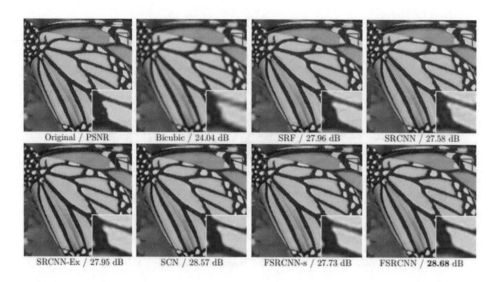

图 2-5-3   FSRCNN 模型效果[22]

5.2   ESPCN 实现超清分辨率

ESPCN（Efficient Sub-Pixel Convolutional Neural Network）吸收了 FSRCNN 的精华，同时又在以下两个方面对 FSRCNN 进行了改进。

（1）只在模型末端进行上采样，这样可以在低分辨率空间中保留更多的纹理区域，也可以在视频超分（超分辨处理）中做到实时。

（2）如图 2-5-4 所示，在模块末端直接使用亚像素卷积的方式来进行上采样，这样可以学习到更好、更为复杂的方式，获得更好的重建效果。

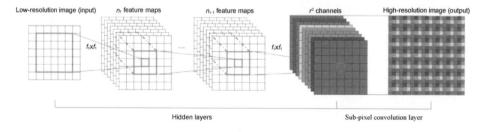

图 2-5-4   ESPCN[23]

利用亚像素卷积的方式进行上采样的特点：

（1）速度特别快。

（2）不涉及卷积运算，是一种高效、快速、无参的像素重排列的上采样方式。

其本质是对于多通道的图，首先将特征图通道数中连续的 c 个通道作为一个整体，然后进行像素重排列，最后得到多通道的上采样图，如图 2-5-5 所示。

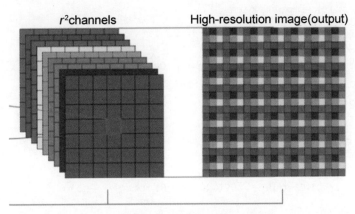

图 2-5-5 亚像素卷积[23]

与 SRCNN 等其他算法相比，ESPCN 有更快的超分辨率重建速度，同时，其重建图像的效果更好。从图 2-5-6 中可以看到，在不同数据集上，与 Bicubic 和 SRCNN 算法相比，使用 ESPCN 算法得到重建图像的 PSNR 有明显的提升。

Dataset	Scale	Bicubic	SRCNN	ESPCN
Set5	3	30.39	32.75	33.13
Set14	3	27.54	29.30	**29.49**
BSD300	3	27.21	28.41	**28.54**
BSD500	3	27.26	28.48	**28.64**
SuperTexture	3	25.40	26.60	**26.70**
Average	3	26.74	27.98	**28.11**
Set5	4	28.42	30.49	**30.90**
Set14	4	26.00	27.50	**27.73**
BSD300	4	25.96	26.90	**27.06**
BSD500	4	25.97	26.92	**27.07**
SuperTexture	4	23.97	24.93	**25.07**
Average	4	25.40	26.38	**26.53**

图 2-5-6 Bicubic，SRCNN，ESPCN 模型在不同数据集的对比图效果[23]

5.3 赛题实践

5.3.1 导入工具包

```
import cv2
import numpy as np
import tensorflow as tf
from tensorflow import keras

from tensorflow.keras.layers import Conv2D
from tensorflow.keras.layers import Conv2DTranspose
from tensorflow.keras.layers import InputLayer
from tensorflow.keras.models import Sequential
```

5.3.2 读取图片

```
path_l = "./l/Youku_00000_l/001.bmp"
path_GT = "./h_GT/Youku_00000_h_GT/001.bmp"

img_l = cv2.imread(path_l)/255.0
img_GT = cv2.imread(path_GT)/255.0
```

5.3.3 FSRCNN

实现 FSRCNN 模型：

```
def fsrcnn():

    model = Sequential()
    model.add(InputLayer(input_shape=(270, 480, 3)))

    # first_part
    model.add(Conv2D(56, 5, padding='same', activation='relu'))

    # mid_part
    model.add(Conv2D(12, 1, padding='same', activation='relu'))
    for i in range(4):
        model.add(Conv2D(12, 3, padding='same', activation='relu'))
```

```
# last_part
model.add(Conv2DTranspose(3, 9, strides=4, padding='same',))

model.compile(optimizer=tf.optimizers.Adam(1e-1),
loss=tf.losses.mse, metrics=['mse'])
return model
```

FSRCNN 模型训练：

```
# 使用模型
model = fsrcnn()
# 模型监控：自动调节学习率
plateau = keras.callbacks.ReduceLROnPlateau(monitor='val_loss',
verbose=0, mode='min', factor=0.10, patience=6)
# 模型在验证集效果达到最优时停止
early_stopping = keras.callbacks.EarlyStopping(monitor='val_loss',
verbose=0, mode='min', patience=25)
# 模型在最优点保持
checkpoint = keras.callbacks.ModelCheckpoint('srcnn.h5',
monitor='val_loss', verbose=0, mode='min', save_best_only=True)
# 训练数据
x = np.array([img_l,img_l])
y = np.array([img_GT,img_GT])
# 模型训练
model.fit(x, y, epochs=10, batch_size=2, verbose=1, shuffle=True,
validation_data=(x, y), callbacks=[plateau, early_stopping,
checkpoint])
Train on 2 samples, validate on 2 samples
Epoch 1/10
2/2 [==============================] - 8s 4s/sample - loss: 0.1679 -
mse: 0.1679 - val_loss: 2560632.5000 - val_mse: 2560632.5000
Epoch 2/10
2/2 [==============================] - 3s 1s/sample - loss:
2560632.5000 - mse: 2560632.5000 - val_loss: 0.0688 - val_mse: 0.0688
Epoch 3/10
2/2 [==============================] - 2s 1s/sample - loss: 0.0688 -
mse: 0.0688 - val_loss: 0.2316 - val_mse: 0.2316
Epoch 4/10
2/2 [==============================] - 2s 861ms/sample - loss: 0.2316
- mse: 0.2316 - val_loss: 0.2179 - val_mse: 0.2179
Epoch 5/10
```

```
2/2 [==============================] - 2s 867ms/sample - loss: 0.2179
- mse: 0.2179 - val_loss: 0.2032 - val_mse: 0.2032
Epoch 6/10
2/2 [==============================] - 2s 853ms/sample - loss: 0.2032
- mse: 0.2032 - val_loss: 0.1508 - val_mse: 0.1508
Epoch 7/10
2/2 [==============================] - 2s 985ms/sample - loss: 0.1508
- mse: 0.1508 - val_loss: 0.0863 - val_mse: 0.0863
Epoch 8/10
2/2 [==============================] - 2s 925ms/sample - loss: 0.0863
- mse: 0.0863 - val_loss: 0.0751 - val_mse: 0.0751
Epoch 9/10
2/2 [==============================] - 2s 823ms/sample - loss: 0.0751
- mse: 0.0751 - val_loss: 0.0760 - val_mse: 0.0760
Epoch 10/10
2/2 [==============================] - 2s 880ms/sample - loss: 0.0760
- mse: 0.0760 - val_loss: 0.0746 - val_mse: 0.0746
```

FSRCNN 模型验证：

```
model.evaluate(x, y, verbose=0)
```

FSRCNN 模型预测：

```
pic_super = model.predict(x, verbose=0, batch_size=1)
```

保存图片查看：

```
cv2.imwrite("./fsrcnn_00.bmp", pic_super[0])
```

5.3.4　ESPCN

实现 ESPCN 模型：

```
def espcn():
    inputs = keras.layers.Input(shape=(270, 480, 3))
    cnn = keras.layers.Conv2D(64, 5, padding='same',
activation='relu')(inputs)
    cnn = keras.layers.Conv2D(32, 3, padding='same',
activation='relu')(cnn)
    cnn = keras.layers.Conv2D(3 * 4 **2, 3, padding='same')(cnn)
    cnn = tf.reshape(cnn, [-1, 270, 480, 4, 4, 3])
```

```
cnn = tf.transpose(cnn, perm=[0, 1, 3, 2, 4, 5])
outputs = tf.reshape(cnn, [-1, 270 * 4, 480 * 4, 3])

model = keras.models.Model(inputs=[inputs], outputs=[outputs])
model.compile(optimizer=tf.optimizers.Adam(1e-1),
loss=tf.losses.mse, metrics=['mse'])
return model
```

ESPCN 模型训练：

```
# 使用模型
model = espcn()
# 模型监控：自动调节学习率
plateau = keras.callbacks.ReduceLROnPlateau(monitor='val_loss',
verbose=0, mode='min', factor=0.10, patience=6)
# 模型在验证集效果达到最优时停止
early_stopping = keras.callbacks.EarlyStopping(monitor='val_loss',
verbose=0, mode='min', patience=25)
# 模型在最优点保持
checkpoint = keras.callbacks.ModelCheckpoint('srcnn.h5',
monitor='val_loss', verbose=0, mode='min', save_best_only=True)
# 训练数据
x = np.array([img_l,img_l])
y = np.array([img_GT,img_GT])
# 模型训练
model.fit(x, y, epochs=10, batch_size=2, verbose=1, shuffle=True,
validation_data=(x, y), callbacks=[plateau, early_stopping,
checkpoint])
Train on 2 samples, validate on 2 samples
Epoch 1/10
2/2 [==============================] - 2s 1s/sample - loss: 0.1626 -
mse: 0.1626 - val_loss: 215174.0625 - val_mse: 215174.0625
Epoch 2/10
2/2 [==============================] - 1s 539ms/sample - loss:
215174.0625 - mse: 215174.0625 - val_loss: 3.7378 - val_mse: 3.7378
Epoch 3/10
2/2 [==============================] - 1s 558ms/sample - loss: 3.7378
- mse: 3.7378 - val_loss: 6.7900 - val_mse: 6.7900
Epoch 4/10
2/2 [==============================] - 1s 467ms/sample - loss: 6.7900
```

```
- mse: 6.7900 - val_loss: 78.4492 - val_mse: 78.4492
Epoch 5/10
2/2 [==============================] - 1s 477ms/sample - loss: 78.4492
- mse: 78.4492 - val_loss: 4.0409 - val_mse: 4.0409
Epoch 6/10
2/2 [==============================] - 1s 530ms/sample - loss: 4.0409
- mse: 4.0409 - val_loss: 0.3987 - val_mse: 0.3987
Epoch 7/10
2/2 [==============================] - 1s 481ms/sample - loss: 0.3987
- mse: 0.3987 - val_loss: 0.3547 - val_mse: 0.3547
Epoch 8/10
2/2 [==============================] - 1s 520ms/sample - loss: 0.3547
- mse: 0.3547 - val_loss: 0.3563 - val_mse: 0.3563
Epoch 9/10
2/2 [==============================] - 1s 501ms/sample - loss: 0.3563
- mse: 0.3563 - val_loss: 0.3778 - val_mse: 0.3778
Epoch 10/10
2/2 [==============================] - 1s 531ms/sample - loss: 0.3778
- mse: 0.3778 - val_loss: 0.4013 - val_mse: 0.4013
```

ESPCN 模型验证：

```
model.evaluate(x, y, verbose=0)
```

ESPCN 模型预测：

```
pic_super = model.predict(x, verbose=0, batch_size=1)
```

保存图片查看：

```
cv2.imwrite("./espcn_00.bmp", pic_super[0])
```

6 深度学习方法进阶

前面我们介绍了视频超分辨率重建的深度学习方法，那么如何对其进行优化呢？下面介绍一种新方法 SRGAN，它是 GAN（Generative Adversarial Networks，生成式对抗网络）在超清分辨率领域的开山之作。

在介绍 SRGAN 之前，我们先对 SRGAN 涉及的内容，如 GAN，CGAN（Conditional Generative Adversarial Networks，条件生成式对抗网络），VGGNet，Res 结构进行介绍。

6.1 GAN 基本概念

GAN 是一种生成式模型，自从 2014 年 Ian GoodFellow 提出以来，迅速成为一个热门的研究方向，且大量基于 GAN 的新算法模型和应用随之产生，但 GAN 存在模式坍塌和收敛性等问题。GAN 的基本结构如图 2-6-1 所示。

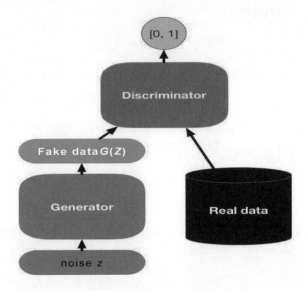

图 2-6-1　GAN 基本结构

GAN 主要由两部分组成：生成网络（Generator Networks）和判别网络（Discriminator Networks），两者通过相互博弈学习的方式，相互促进，从而训练得到一个有效的生成模型，以用于产生新的分布数据和一个更佳的判别模型。

> 说明：一个优秀的 GAN 模型应用需要有良好的训练方法，否则可能会由于无法搜索到神经网络模型的较优解而导致输出不理想。

6.1.1　GAN 生成手写数字

GAN 能轻松生成逼真的手写字图片，如图 2-6-2 所示。

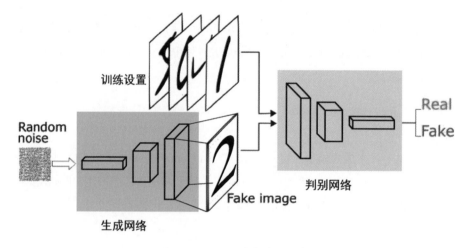

图 2-6-2　GAN 生成手写数字

首先，定义一个生成网络来生成手写数字的像素值，如图 2-6-2 中的红色部分，输入为从一个特定分布中产生的随机噪声，输出为生成的手写数字图片。

然后，定义一个判别网络用于判别生成手写数字的真假，就是判别其是真实的手写数字，还是由机器产生的。如图 2-6-2 中的蓝色部分所示，其输入为真实的或是由生成网络产生的手写数字图片，输出为标签，即判别输入图片为真实或者机器产生的结果。

那么，生成网络和判别网络如何训练，才能使生成网络产生以假乱真的手写数字图片呢？

6.1.2　GAN 训练

GAN 训练的基本步骤如下：

（1）对生成网络和判别网络的参数进行初始化设置。

（2）首先从真实手写图片集合中抽取 n 个样本，并通过生成网络生成 n 个样本，然后训练判别网络，使其尽可能准确地区别真实的手写数字样本和生成的样本。

（3）在训练 k 轮判别网络之后，以一定的学习率来更新生成网络，使其生成的手写数字尽可能地被判别为真实手写样本，或者使其被判别为真实手写样本的概率增加，即使生成的手写数字样本和真实的手写数字样本之间的差距缩小。

（4）重复上述步骤 2～3，循环迭代 m 次。

在理想情况下，对于生成网络生成的手写数字图片，判别网络最终无法判别其是否为真实手写数字，即判别网络对手写数字样本是来自生成网络还是真实的手写数字的判别概率均为 0.5。

下面通过图 2-6-3 来解释这个过程。

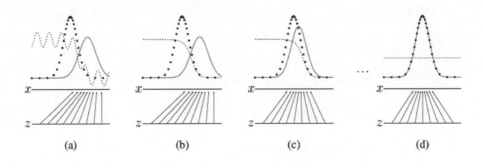

图 2-6-3　GAN 训练过程示意图[24]

其中，变量 z 为输入生成网络的随机噪声，黑色虚线表示真实的手写数字样本的分布情况，绿色实线表示生成手写数字样本的分布，x 为随机噪声 z 到绿色生成手写数字样本分布曲线的映射，蓝色虚线为判别网络的判别概率分布。

我们希望，绿色曲线的生成样本的分布和黑色虚线的真实样本的分布一致，从而达到生成以假乱真的手写数字样本的目的。

可以发现，在图 2-6-3（a）状态下，生成网络生成的手写数字分布和真实的手写数字分布的差异较大，但是因为判别网络的学习时间较短，无法准确判别两者的区别，所以判别网络输出的概率不是很稳定。当判别网络经过多次训练达到图 2-6-3（b）状态时，判别网络能准确判别两者的区别，输出的概率很稳定。继续对生成网络进行训练，当达到图 2-6-3（c）的状态时，生成网络生成的手写数字分布逐渐逼近真实的手写数字分布。反复迭代，最终达到图 2-6-3（d）的状态，此时生成网络生成手写数字的分布与真实手写数字的分布一致，判别网络无法分辨两者的区别，判别概率为 0.5。而两者的映射 x，就是生成网络数学上的定义，即

$$y = x(z)$$

其中，y 为真实手写数字的分布，z 为随机噪音的分布，x 为两者的映射函数。

6.1.3　GAN 算法数学形式

下面采用数学的形式对算法进行具体介绍。

（1）构建生成模型（Generative Model）和判别模型（Discriminative Model），并将生成模型初始化为 θ_g，将判别模型初始化为 θ_d。

（2）模型训练 n 轮过程：

① 每轮训练中循环迭代 k 次：

从先验的噪声分布 $p_g(z)$ 中，随机生成 m 个样本 $\left\{z^{(1)}, \cdots, z^{(m)}\right\}$；

从数据集 $p_{data}(x)$ 中，随机抽取 m 个样本 $\left\{x^{(1)}, \cdots, x^{(m)}\right\}$；

通过以下公式梯度更新判别模型参数 θ_d：

$$\nabla_{\theta_d} \frac{1}{m} \sum_{i=1}^{m} \left[\log D\left(x^{(i)}\right) + \log \left(1 - D\left(G\left(z^{(i)}\right)\right)\right) \right]$$

② 从先验的噪声分布 $p_g(z)$ 中，随机生成 m 个样本 $\left\{z^{(1)}, \cdots, z^{(m)}\right\}$。

③ 通过以下公式梯度更新生成模型参数 θ_g：

$$\nabla_{\theta_g} \frac{1}{m} \sum_{i=1}^{m} \log \left(1 - D\left(G\left(z^{(i)}\right)\right)\right)$$

通过上述过程，训练生成模型和判别模型最终使 GAN 收敛，得到一个好的生成模型。

6.2 CGAN

CGAN 是在 GAN 基础上的一种改进，即通过给 GAN 的生成网络和判别网络添加额外的条件信息实现的条件生成网络，如图 2-6-4 所示。

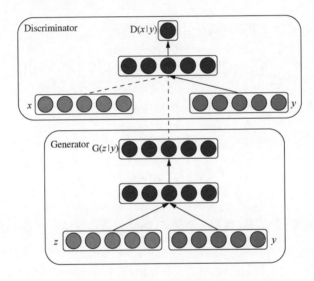

图 2-6-4 CGAN

CGAN 的核心改进：

（1）在生成网络的输入上：GAN 生成网络输入的是噪声信号，而 CGAN 将类别标签和噪声信号组合起来作为输入。

（2）在判别网络的输入上：GAN 的判别网络输入的是图像数据（真实图像和生成图像），而 CGAN 同样需要将类别标签和图像数据拼接后作为判别网络的输入。

CGAN 的数学形式和 GAN 的基本一致，就是多了额外的信息 y。

（1）构建生成模型和判别模型，并将生成模型初始化为 θ_g，将判别模型初始化为 θ_d。

（2）模型训练 n 轮的过程：

① 每轮训练中循环迭代 k 次：

从先验的噪声分布 $p_g(z)$ 中，随机生成 m 个样本 $\left\{z^{(1)}, \cdots, z^{(m)}\right\}$，并和从额外的信息 p_y 中抽取的样本 $\left\{y^{(1)}, \cdots, y^{(m)}\right\}$ 构成联合数据分布 $\left\{\left(z^{(1)}, y^{(1)}\right), \cdots, \left(z^{(m)}, y^{(m)}\right)\right\}$。

从数据集 $p_{\text{data}}(x, y)$ 中，随机抽取 m 个样本 $\left\{\left(x^{(1)}, y^{(1)}\right), \cdots, \left(x^{(m)}, y^{(m)}\right)\right\}$；

通过以下公式梯度更新判别模型参数 θ_d：

$$\nabla_{\theta_d} \frac{1}{m} \sum_{i=1}^{m} \left[\log D\left(\left(x^{(i)}, y^{(i)}\right)\right) + \log\left(1 - D\left(G\left(\left(z^{(i)}, y^{(i)}\right)\right)\right)\right) \right]$$

② 从先验的噪声分布 $p_g(z)$ 中，随机生成 m 个样本 $\left\{z^{(1)}, \cdots, z^{(m)}\right\}$。

③ 通过以下公式梯度更新生成模型参数 θ_g：

$$\nabla_{\theta_g} \frac{1}{m} \sum_{i=1}^{m} \log\left(1 - D\left(G\left(\left(z^{(i)}, y^{(i)}\right)\right)\right)\right)$$

最后，训练生成模型和判别模型使 CGAN 收敛，这样一个 CGAN 模型就训练完成了。

6.3　VGGNet

VGGNet 是由牛津大学科学工程系计算机视觉组和 Google DeepMind 联合提出的卷积神经网络，在当年的 ILSVRC 的分类和检测任务中取得了领先的精度，获得第二名，第一名是 GoogLeNet。

VGGNet 在多个迁移学习任务中的表现要优于 GoogLeNet，而且当从图像中提取 CNN 特征时，VGGNet 是首选。它的缺点在于，参数量有 1.4×10^8 之多，需要更大的存储空间。

图 2-6-5 所示为 VGGNet 的架构图，VGGNet 作为卷积神经网络的一种，也是由卷积层、池化层、全连接层及激活层组成的，如图 2-6-6 所示。与此同时，VGGNet 具有以下特点。

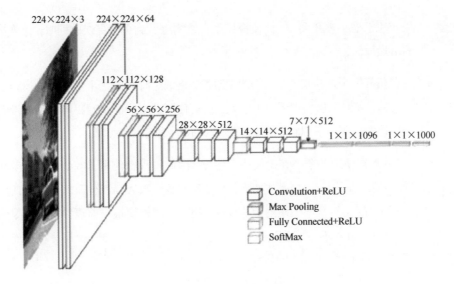

图 2-6-5　VGGNet 架构图

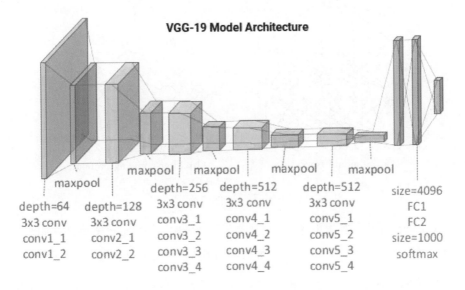

图 2-6-6　VGGNet 单元示意图

- 小卷积核：将卷积核全部替换为 3×3（较少用 1×1）。

- 小池化核：相比 AlexNet 结构中 3×3 的池化核，VGGNet 全部为 2×2 的池化核。

- 层数更深，特征图更宽：基于前面两点，由于卷积核专注于扩大通道数、池化专注于缩小宽和高,因此使得模型在结构上做到更深更快的同时,计算量的增加放缓。

- 用卷积替换全连接层:在网络测试阶段,将训练阶段的三个全连接替换为三个卷积,来测试重用训练时的参数。这会使测试得到的全卷积网络因为没有全连接的限制,所以可以接收任意宽或长的输入。

由于 VGGNet 使用多个小卷积代替大卷积,因此过程中使用了多个非线性激活函数,这使模型的非线性表达能力增强,并且使参数个数大幅减少。部分模型使用 1×1 卷积核的目的仍然是增加模型的非线性,相当于线性变换与非线性激活函数的结合。每个 VGGNet 都有 3 个全连接层,5 个池化层和 1 个 SoftMax 层,在全连接层中间采用 Dropout 层,防止过拟合,如图 2-6-7 所示。

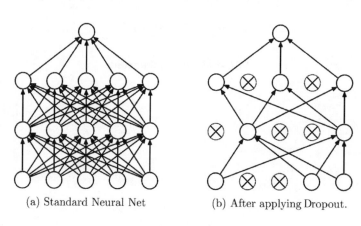

(a) Standard Neural Net   (b) After applying Dropout.

图 2-6-7   Dropout 层[25]

VGGNet 采用了梯度下降法去优化损失函数,中间层可提取图片的特征图。虽然相比 AlexNet,VGGNet 的参数和深度增加很多,但是训练迭代次数却减少很多。

VGGNet 的初衷是探索卷积神经网络的深度与其性能之间的关系,加深网络层数,避免参数过多。在 VGG16 中,所有层都采用 3×3 的小卷积核,卷积层步长被设置为 1。而 VGG19 依旧是通过反复使用 3×3 的小卷积核和 2×2 的最大池化层加深网络结构层数,故最终有 16 个卷积层和 3 个全连接层。在 19 层之后,VGGNet 会出现训练效果退化、梯度消失或梯度爆炸的问题。

6.4　ResNet

VGGNet 达到 19 层后，如果再增加层数就会出现性能下降的现象。而 ResNet 中的残差结构，可以很好地解决这个问题。ResNet 是当前应用最为广泛的特征提取网络。2015 年，He-Kaiming, Ren-Shaoqing, Sun-Jian 提出此模型，并以 3.6% 的错误率赢得了 2015 年的 ILSVRC，是当年的 CVPR 最佳论文，同时也是计算机视觉和深度学习领域极具开创性的工作。ResNet 使深度神经网络加深数百甚至数千层成为可能，并仍能展现出优越的性能。它通过使用多个有参层来学习输入和输出之间的残差表示，而不像一般 CNN 网络（如 AlexNet，VGGNet 等）那样使用有参层来直接尝试学习输入和输出之间的映射。实验表明，相比直接学习输入和输出之间的映射，使用一般意义上的有参层来直接学习残差，收敛速度更快并且可以通过使用更多的层来达到更高的分类精度。

泛逼近定理[26]（Universal Approximation Theorem）说明拥有足够容量的单层前馈网络可以拟合任意函数，但是，这样的单层前馈网络的权重非常庞大，会出现过拟合现象，因此，深度学习追求多层网络架构并逐层映射。自从 AlexNet 开始，最先进的卷积神经网络架构越来越深。AlexNet 有 8 层卷积层，VGGNet 有 19 层，而 GoogleNet 有 22 层。而单纯堆叠层数会发生深层网络难以训练的问题，造成的结果就是，随着网络层数的增加，其性能趋于饱和，并开始迅速出现深度学习网络退化的问题，即在神经网络可以收敛的前提下，随着网络深度的增加，网络的表现先是逐渐增加至饱和，然后迅速下降。层数加深后的模型效果，如图 2-6-8 所示。

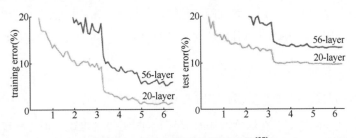

图 2-6-8　层数加深后的模型效果[27]

深度学习的本质是优化问题，其建模结构相似，但优化难度不同，由于深层建模难以优化，因此需要调整模型结构，让模型更易于优化。

我们将堆叠的多层神经网络称为一个 Block，对于某个 Block 期望的潜在映射为 $H(x)$，拟合函数为 $F(x)$。当 $F(x)$ 拟合 $H(x)$ 困难时，则拟合残差函数 $H(x)-x$，即 $F(x)=H(x)-x$，前向传播过程用 $F(x)+x$ 来拟合 $H(x)$，这样更易于优化。如果 $F(x)=0$ 为恒等映射，则在网络基础上叠加 $y=x$ 的层。因为 ResNet 加入的是加法运算，而它们可以自由分配梯度，使得梯度传播更加顺畅，所以可以让神经网络随深度增加而不退化。

但 ResNet 逼近一个恒等映射，而不是完美的 0 映射，优化目标变为对恒等映射的扰动，使得复杂模型易于优化。ResNet 可以实现恒等快捷连接（identity shortcut connection），直接跳过一个或多个层，如图 2-6-9 所示。

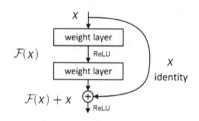

图 2-6-9　恒等快捷连接[27]

前向传播公式如下：

$$\mathcal{F}=W_2\sigma(W_1\boldsymbol{x})+W_s\boldsymbol{x}$$

当输入和输出的维数变化时，W_s 需要对 x 做一个线性变换。

让堆叠层适应残差映射比让它们直接学习所需的底层映射要容易一些。实验表明，ResNet 层数可达上千层，而且网络越深，特征越丰富，性能远远超越浅层的卷积神经模型。因此，ResNet 迅速成为实现计算机视觉任务最流行的网络架构。

ResNet 的架构，如图 2-6-10 所示。

在跳接的曲线中有少量虚线，它们表示 Block 前后的维度不一致，需要 W_s 做线性映射。而残差网络能够在深度增加的情况下维持强劲的准确度提升，有效地避免了 VGGNet 中层数增加到一定程度，模型准确度不升反降的问题。实验结果表明，ResNet 在上百层表现极佳，但是当达到上千层之后可能会出现退化现象。

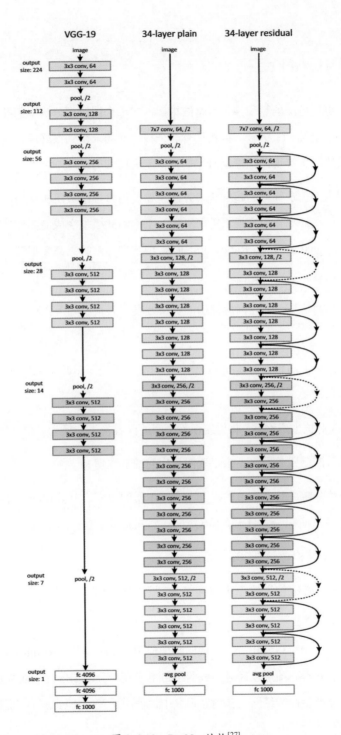

图 2-6-10　ResNet 结构[27]

6.5　SRGAN 结构

在使用更快更深的卷积神经网络结构后，在单个图像超分辨率的准确性和速度方面取得了一个又一个突破，但仍然有一个核心问题未得到很好地解决：当我们在用大的上采样因子实现图像恢复时，如何恢复更精细的纹理细节？

通常，由于基于优化的超分辨率方法主要是由目标函数所驱动的，而最近的研究也主要集中在最小化均方根误差（MSE）上，因此模型生成的图片具有高峰值信噪比（Peak Signal to Noise Ratio，PSNR），但它们通常缺乏高频细节，并且在感觉上不能令人满意。

SRGAN 就是基于上述问题提出的解决方案，其采用如下三种方式对模型进行改进。

（1）更改损失函数，将传统的 MSE 换成对抗损失（adversarial loss）和内容损失（content loss）。

（2）引入对抗生成网络，将传统像素空间的内容损失转换为对抗性质的相似性。

（3）引入深度残差网络，来提取图片中的细节纹理。

其在超清分辨率纹理细节的提升上有了本质的改变，根据 MOS（Mean Opinion Score，平均主观意见分）评分，SRGAN 在感知质量上有重大意义。

SRGAN 的结构，如图 2-6-11 所示。

SRGAN 网络结构主要由生成网络和判别网络组成，类似于条件生成式对抗网络。

从图 2-6-11 中可以看出，在生成网络中使用了 Res 结构（Residual Blocks），即输入一张低清分辨率图片，经过生成网络可生成高清分辨率图片；而判别网络则是一个经典的分类卷积神经网。在内容损失中，使用了 VGGNet 进行特征提取。

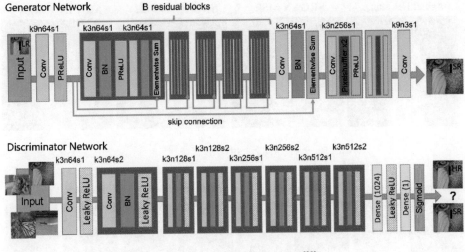

图 2-6-11　SRGAN 网络结构[28]

6.5.1　SRGAN 损失函数

下面来介绍 SRGAN 的损失函数，其包括内容损失和对抗损失两部分，并用一定的权重进行加权和。

$$\text{Loss} = \text{Loss}_{\text{content}} + 10^{-3}\,\text{Loss}_{\text{adversarial}}$$

内容损失有两种计算方式：MSE 损失和 VGG 损失，具体计算函数如下：

- MSE 损失：$\text{Loss}_{\text{content}} = \dfrac{1}{mn} \cdot \sum\limits_{i=0}^{m-1}\sum\limits_{j=0}^{n-1}\left(I_{\text{high}}\left(i,j\right) - G\left(I_{\text{low}}\left(i,j\right)\right)\right)^2$

- VGG 损失：$\text{Loss}_{\text{content}} = \dfrac{1}{mn} \cdot \sum\limits_{i=0}^{m-1}\sum\limits_{j=0}^{n-1}\left(N_{\text{vgg}}\left(I_{\text{high}}\left(i,j\right)\right) - N_{\text{vgg}}\left(G\left(I_{\text{low}}\left(i,j\right)\right)\right)\right)^2$

对抗损失的计算函数：

$$\text{Loss}_{\text{adversarial}} = \sum\limits_{i=0}^{m-1} -\log D\left(G\left(I_{\text{low}}\left(i,j\right)\right)\right)$$

6.5.2　SRGAN 效果

图 2-6-12 和图 2-6-13 分别为高分辨率原图与分别使用 SRGAN-MSE，SRGAN-VGG22，SRGAN-VGG54 三种算法对低分辨率图像重建的效果对比。

说明：VGG22，VGG54 分别为 22 层和 54 层的 VGG 网络。

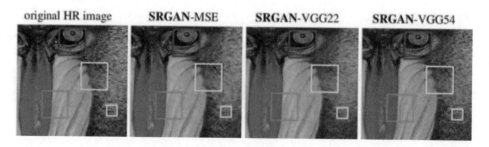

图 2-6-12　SRGAN 效果[28]

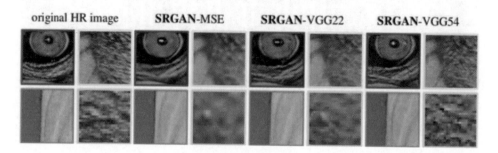

图 2-6-13　SRGAN 细节[28]

由此可以看出：

- 在纹理方面，SRGAN 增加了 VGG 的内容损失。对比只使用 MSE 作为损失的结果，生成模型生成的图像更加细腻逼真。

- 与此同时，随着 VGG 层数的增加，生成模型生成的图像效果会更好（VGG22 和 VGG54 对比）。

6.6　SRGAN 实现超清分辨率

6.6.1　导入工具包

```
import cv2
import numpy as np
import tensorflow as tf
from tensorflow import keras
```

6.6.2　读取图片

```
path_l = "./l/Youku_00000_l/001.bmp"
path_GT = "./h_GT/Youku_00000_h_GT/001.bmp"

img_l = cv2.imread(path_l)/255.0
img_GT = cv2.imread(path_GT)/255.0
```

6.6.3　实现 SRGAN

```
class SRGAN:
    def __init__(self):
        self.gen = self.generator()
        self.dis = self.discriminator()
        self.vgg = self.vgg19()
        self.model_generator = self.bulid_generator(self.gen,
self.dis, self.vgg)

    def generator(self):
        inputs = keras.layers.Input(shape=(270, 480, 3))

        cnn = keras.layers.Conv2D(64, 9, padding='same',
activation='relu')(inputs)

        # res
        cnn = keras.layers.Conv2D(64, 3, padding='same')(cnn)
        cnn = keras.layers.BatchNormalization()(cnn)
        cnn = tf.nn.relu(cnn)

        cnn_first = cnn

        # res block
        for index in range(16):
            cnn_ori = cnn
            cnn = keras.layers.Conv2D(64, 3, padding='same')(cnn)
            cnn = keras.layers.BatchNormalization()(cnn)
            cnn = tf.nn.relu(cnn)

            cnn = keras.layers.Conv2D(64, 3, padding='same')(cnn)
```

```
        cnn = keras.layers.BatchNormalization()(cnn)
        cnn = cnn + cnn_ori

    # res2
    cnn = keras.layers.Conv2D(64, 3, padding='same')(cnn)
    cnn = keras.layers.BatchNormalization()(cnn)
    cnn = cnn_first + cnn

      # upsampling
      for index in range(2):
          cnn = keras.layers.Conv2D(1, 3, padding='same')(cnn)
          cnn = keras.layers.UpSampling2D(size=2)(cnn)
          cnn = tf.nn.relu(cnn)

    # out
    cnn = keras.layers.Conv2D(3, 9, padding='same')(cnn)
    outputs = tf.nn.tanh(cnn)

    model = keras.models.Model(inputs=[inputs], outputs=[outputs])

      model.compile(optimizer=tf.optimizers.Adam(1e-1),
            loss="mse",
            metrics=["mse"])
    return model

def discriminator(self):
    inputs = keras.layers.Input(shape=(270*4, 480*4, 3))

    cnn = keras.layers.Conv2D(64, 3, strides=1, padding='same')
(inputs)
    cnn = tf.nn.relu(cnn)

    cnn = keras.layers.Conv2D(64, 3, strides=2,
padding='same')(cnn)
    cnn = keras.layers.BatchNormalization()(cnn)
    cnn = tf.nn.relu(cnn)

    for filters in [128, 256, 512]:
        for strides in [1, 2]:
```

```python
            cnn = keras.layers.Conv2D(filters, 3, strides=strides,
padding='same')(cnn)
            cnn = keras.layers.BatchNormalization()(cnn)
            cnn = tf.nn.relu(cnn)

        cnn = keras.layers.Flatten()(cnn)
        dense = keras.layers.Dense(1024)(cnn)
        dense = tf.nn.relu(dense)
        dense = keras.layers.Dense(1)(dense)

        outputs = tf.nn.sigmoid(dense)

        model = keras.models.Model(inputs=[inputs],
outputs=[outputs])
        model.compile(optimizer=tf.optimizers.Adam(1e-1),
                loss="binary_crossentropy",
                metrics=['accuracy'])
        return model

    def vgg19(self):

        vgg19 = keras.applications.VGG19(include_top=False,
weights='imagenet', input_shape=(270*4, 480*4, 3))
        # vgg19 = keras.applications.VGG19(include_top=False,
weights=None, input_shape=(270*4, 480*4, 3))
        # vgg19 = keras.applications.VGG19(include_top=False,
weights=None, input_shape=(36, 64, 3))
        vgg19.trainable = False
        for l in vgg19.layers:
                l.trainable = False
        model = keras.Model(inputs=vgg19.input,
outputs=vgg19.get_layer('block5_conv4').output)
        # model = keras.Model(inputs=vgg19.input,
outputs=vgg19.get_layer('block1_conv1').output)
        model.compile(optimizer=tf.optimizers.Adam(1e-1),
                loss="mse",
                metrics=["mse"])
        return model
```

```
def bulid_generator(gen, dis, vgg):

    generator = gen
    generator_outputs = generator(generator.inputs)

    discriminator = dis
    discriminator.trainable = False
    discriminator_outputs = discriminator(generator_outputs)

    vgg = vgg
    vgg.trainable = False
    vgg_outputs = vgg(generator_outputs)


    model = keras.models.Model(inputs=gen.inputs,
outputs=[generator_outputs, vgg_outputs, discriminator_outputs])
    model.compile(optimizer=tf.optimizers.Adam(1e-1),
            loss=["mse", "mse", "binary_crossentropy"],
              loss_weights=[1., 2e-6, 1e-3])
    return model

  def model_train(self, img_l, img_gt):

    batch_size = img_l.shape[0]
    label_real = np.array([[0]] * batch_size)
    label_fake = np.array([[1]] * batch_size)

    # 训练 generator
    self.dis.trainable = False
    self.vgg.trainable = False
    img_GT_vgg_features = self.vgg.predict(img_gt)
    self.model_generator.train_on_batch(img_l, [img_GT,
img_GT_vgg_features, label_real])

    # 训练 discriminator
    self.dis.trainable = True
    img_pred = self.model_generator.predict(img_l)
    self.dis.train_on_batch(img_pred, label_fake)
    self.dis.train_on_batch(img_GT, label_real)
```

```
    def model_pred(self, img_l):
        img_super, vgg_features, prob_fake_or_real =
self.model_generator.predict(img_l)
        return img_super


    def model_evaluate(self, img_l, img_GT):
        batch_size = img_l.shape[0]
        label_real = np.array([[0]] * batch_size)
        img_GT_vgg_features = self.vgg.predict(img_GT)
        total_loss, generator_loss, vgg_features_content_loss,
discriminator_loss = model_generator2.evaluate(img_l, [img_GT,
img_gt_vgg_features, label_real])
        return total_loss, generator_loss, vgg_features_content_loss,
discriminator_loss
```

6.6.4　SRGAN 模型训练

```
# 使用模型
srgan = SRGAN()
# 生成网络结构 generator
srgan.gen.summary()
# 判别网络结构 discriminator()
srgan.dis.summary()
# vgg 网络结构
srgan.vgg.summary()
# srgan 网络结构
srgan.model_generator.summary()
# 训练数据
x = np.array([img_l,img_l])
y = np.array([img_GT,img_GT])
# 模型训练
srgan.model_train(x, y)
```

6.6.5　SRGAN 模型验证

```
vgg_y = srgan.vgg.predict(y)
srgan.model_evaluate(x, y)
```

6.6.6 SRGAN 模型预测

```
pic_super = srgan.model_pred(x)
```

6.6.7 保存图片

```
cv2.imwrite("./srgan_00.bmp", pic_super[0])
```

赛题三　布匹疵点智能识别

智能识别

（2019广东工业智造创新大赛　赛场一）

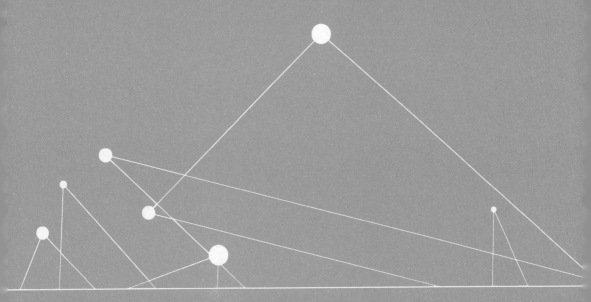

0 技术背景

0.1 行业背景

从体量上讲，我国目前是名副其实的制造大国，但是从效率上来讲，却并不能称为制造强国。产业"大"而不"强"，一部分原因是产业劳动力密集，自动化、智能化程度不高。而产业智能化程度不高、劳动力成本的日益攀升等问题，使得中国制造在市场上的竞争力变弱。事实上，从"制造"走向"智造"是生产力发展的必然趋势。国务院在 2015 年 5 月印发的《中国制造 2025》，是中国实施制造强国战略第一个十年的行动纲领。

近年来，随着人工智能和计算机视觉等技术的突飞猛进，工业中采用摄像头"电眼"代替"人眼"成为可能，为工业生产线的智能化奠定了基础。工业视觉 AI 是利用视觉 AI 技术，采用机器代替人眼来做分析、判断和决策，实现人眼视觉的延伸。工业视觉可以用于工业品表面缺陷检测、非接触式尺寸测量、产线分拣及引导定位等，还可以通过对施工区域、人员、行为的视频 AI 分析来保障生产过程的合规与安全，实现多环节的精细化管理。可以说，工业视觉 AI 可以给传统的生产过程安上一双"眼睛"，开启智能制造的新"视界"。与人眼相比，视觉 AI 在精确性、客观性、可重复性、成本及效率上都具有明显的优势。从市场规模来看，我国的工业视觉市场规模近十几年来一直在稳步提升，近些年已经超过 50 亿元。

在此背景下，阿里巴巴达摩院工业智能团队从 2017 年开始切入工业视觉智能领域，进行 AI 关键技术的研发与落地实践，如联合正泰新能源打造了阿里集团工业视觉 AI 应用首个标杆案例，成功将 AI 表面瑕疵检测技术落地到光伏行业，双方联合打造的太阳能电池片及组件瑕疵自动机器质检系统开创了国内光伏行业自动 AI 表检之先河（图 3-0-1）。随后，团队深入制造一线，直面工业客户智能化升级的需求及痛点，重点聚焦"工业品表面质量检测"场景，围绕"降本增效"的目标持续进行 AI 算法研发、优化及系统落地。

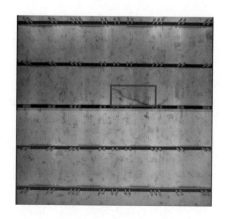

图 3-0-1　阿里云 ET 工业大脑视觉产品"见远"识别电池片瑕疵

其中，红色标记部分为电池片瑕疵。"见远"可以识别 20 多种电池片瑕疵，精度达到 95%。

0.2　实验室产品介绍

阿里巴巴达摩院工业视觉团队在深入理解行业的基础上，依据产业特点重点聚焦，打造可复制的"废钢定级""智能验布""食品质检"等垂直产品，并从多行业的不同需求中进行共性抽离，构建了适用于工业视觉领域的统一算法框架，并基于此在 2020 年 10 月上线了见微工业视觉智能产品的 2.0 版（图 3-0-2），该产品从多个技术层面有针对性地解决了上文中提到的工业视觉技术挑战。

图 3-0-2　阿里云见微工业视觉智能产品平台

下面简单介绍上述几个工业质检场景，方便读者对业务场景有一个更直观的认知。

- 废钢定级：废钢是炼钢生产过程中降低能耗、优化工艺的一种重要原料。因为废钢的原料来自各行各业，包括报废的机器、设备、器械、结构件、建筑物及生活用品等，所以废钢的种类极其繁多、料型极其复杂，对于 AI 智能识别是个行业挑战。目前，钢铁企业主要依靠人工判级的方法，由质检员登高作业和近距离目测、卡尺测量进行识别与定级，废钢识别精准性较差，判级质量异议较多，人为因素和安全隐患较大，因此如果能在废钢定级流程中加入人工智能算法，对生产安全及定级结果无疑都具有巨大的帮助。图 3-0-3 是达摩院工业视觉团队与山西晋南钢铁集团联合打造的废钢定级平台示意图。

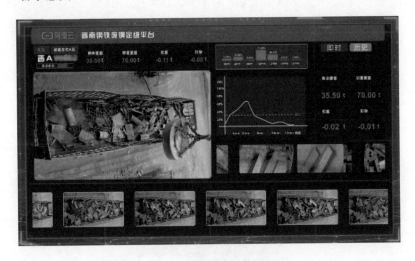

图 3-0-3 晋南钢铁废钢定级平台

- 智能验布：在纺织企业织造过程中，由于受各方面因素的影响，会产生污渍、破洞、毛粒等瑕疵，为了保证出厂纺织品的质量，需要对布匹进行瑕疵检测。布匹疵点检验是纺织行业生产和质量管理的重要环节，国内多采用人工验布方式，是典型的劳动密集型场景。利用人工验布的方法，不仅要投入大量的人力和物力，还存在检测效率低、劳动强度大、漏检率高等诸多问题。而由于布匹疵点种类繁多、形态变化多样、观察识别难道大，因此布匹疵点智能检测是困扰行业多年的技术瓶颈。目前，阿里巴巴达摩院的算法人员经过潜心研究，借助最先进的技术上线 AI 质检算法，实现布匹疵点智能检测；帮助工厂自动完成原料、坯布、成品布、成衣全生产环节的质检工作，革新质检流程，自动完成质检任务，降低对大量人工的依赖，降低漏检率，提高产品的质量；识别准确率远超人类水平，整体效率大幅提升。

- 食品质检：我们以果冻生产为例，在果冻生产制造过程中，不可避免会有一些异物或者不良原材料（我们称之为瑕疵）混入到果冻内容物中，随着内容物一起被填充到果冻杯里。果冻的瑕疵主要是金属屑、黑渣屑、油漆屑、头发、纤维、果肉虫、线头等异物，以及果籽、果梗、囊衣、长的果肉纤维、斑点果肉、大气泡等不良原材料。包含异物或者不良原材料的果冻被称为瑕疵果冻，如果其流入市场，一方面会使消费者产生心理或生理的不适，另一方面也会损坏果冻生产商的品牌形象。因此，在果冻生产完毕，装箱出厂前，果冻厂商会安排质检员工逐一对果冻进行质检，剔除瑕疵果冻，同其他质检场景一样，这样会存在低效且检出率低的问题。如果能利用 AI 算法来辅助果冻瑕疵质检，一方面可以提高瑕疵果冻的检出率和稳定性，另一方面也能降低人力成本，解决企业用工难的问题。图 3-0-4 是一个含有果籽的不合格果冻图例。

图 3-0-4　含果籽的果冻

0.3　赛题背景

近年来，随着深度学习技术的兴起，计算机视觉领域取得了突飞猛进的发展，为了更好地让研究人员接触到真实的数据，并将 AI 算法技术应用到实际的工业质检场景中。阿里云天池大赛平台联合达摩院工业视觉智能团队发起了"工业制造-布匹瑕疵"算法大赛，赛题聚焦布匹疵点智能检测，要求选手研究开发高效可靠的计算机视觉算法，来提升布匹疵点检验的准确度，降低对大量人工的依赖，提升布样疵点质检的效果和效率。要求算法既要检测布匹是否包含疵点，又要给出疵点具体的位置和类别，既考查疵点检出能力，又考查疵点定位和分类能力。

赛题组深入纺织车间现场采集布匹图像，制作并发布大规模的高质量布匹疵点数据集，同时提供精细的标注来满足算法要求。大赛数据集包括素色布和花色布两类，涵盖了纺织业中布匹的各类重要瑕疵，每张图片中含有一种或多种瑕疵。其中，素色布数据集约有 8000 张图片，用于初赛；花色布数据集约有 12 000 张图片，用于复赛。

0.4　初赛数据示例

素色布数据包含无疵点图片、有疵点图片和瑕疵的标注数据，其中标注数据详细标注出疵点所在的具体位置和疵点类别。疵点类别包括破洞、水渍、油渍、污渍、三丝、结头、花板跳、百脚、毛粒、粗经、松经、断经、吊经、粗纬、纬缩、浆斑、整经结、星跳、跳花、断氨纶、稀密档、浪纹档、色差档、磨痕、轧痕、修痕、烧毛痕、死皱、云织、双纬、双经、跳纱、筘路、纬纱不良等，数据示例如图 3-0-5所示。

素色布瑕疵图片（整经结）

素色布瑕疵图片（星跳）

图 3-0-5

0.5　复赛数据示例

花色布背景复杂多变、布样种类较多，给出的训练集包含花色背景累计近 60 种，测试集包含花色背景累计近 200 种。为了给大家提供更丰富的算法设计空间，每张图片都配备了一张模板图片。defect 和 normal 文件夹下的每一张图片都有一张模板图片。例如，defect 文件夹下有 0907A1_0cbd6cf81eb579551201909071534465 子文件夹，子文件中有两张图片，分别是 template_0907A1.jpg 和 0907A1_0cbd6cf81eb579551201909071534465.jpg，其中 template_0907A1.jpg 是无瑕疵的模板图片。

花色布标注数据详细标注出疵点所在的具体位置和疵点类别，疵点类别包括破洞、错花、水印、花毛、缝头、缝头印、虫粘、破洞、褶子、织疵、漏印、蜡斑、色差、网折等，数据示例如 3-0-6 所示。

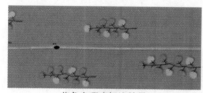 

花色布瑕疵标注结果　　　　　　　　　　花色布模板图片

图 3-0-6

1 赛题解析

1.1 赛题背景分析

随着广东制造产业信息建设的不断完善，且产业布局较为完整，诞生了一批信息化程度较高的工业制造企业，并且积累了一定的数据资源。2019 年广东省人民政府联合阿里巴巴集团共同启动"2019 广东工业智造创新大赛"，聚焦布匹疵点智能识别和面料剪裁利用率优化，旨在通过开放数据召集全球众智，重点围绕工业制造大数据展开，以落地为导向，聚集全球顶级人才，发掘全球先进的智能制造应用成果，推动人工智能技术在广东纺织行业的探索与发展，用技术驱动广东智能制造产业的转型升级和变革发展。

在我国国民经济中，纺织行业一直占据着举足轻重的地位。如果能够将人工智能和计算机视觉技术应用于纺织行业，则对纺织行业的价值无疑是巨大的。布匹疵点检验是纺织行业生产和质量管理的重要环节，而布匹疵点智能检测又是困扰行业多年的技术瓶颈。目前，布匹疵点检验几乎都是人工检测，其易受主观因素的影响，缺乏一致性，并且在强光下长时间工作对检测人员的视力影响极大。据了解，人工检测的速度一般是 15～20m/min，在此速度下，单个检验人员只能完成 0.8～1m 宽幅的检测，因此布匹的检验和整理环节就成为整个生产过程中的瓶颈，严重降低了纺织生产流程的自动化程度。人工检测还存在过于依赖验布工人经验的缺点，经常出现检测误差和漏检。因此，借助人工智能和计算机视觉等先进技术，来实现布匹疵点的智能检测，其价值无疑是巨大的。竞赛的初赛阶段考查素色布的瑕疵检测和分类能力，复赛阶段考查花色布的瑕疵检测和分类能力。

此竞赛赛题要求在给定的图片中定位瑕疵的位置，即输入数据为带有瑕疵的素色布和花色布的图片，输出结果为瑕疵的位置，这是一个典型的很具有挑战性的计算机视觉任务，即目标检测（Object Detection）。竞赛目标为设计一个端到端的基于深度学习的监督学习算法，拟合并输入训练数据图片与输出位置，并泛化在测试数据集上，以达到优秀的疵点智能识别效果。

1.2 计算机视觉

1.2.1 计算机视觉简介

视觉是人类与生俱来的能力，即使是刚出生的婴儿，也能从复杂的图片中找到关注点，在昏暗的环境下识别人类。随着人工智能的发展，赋予机器视觉的能力并试图匹敌甚至超越人类，已成为研究者关注的热点问题。计算机视觉（Computer Vision），即利用计算机来模拟人的视觉，是计算机的"看"。

1. 计算机视觉定义

计算机视觉的定义可从不同角度给出，严谨的定义有如下三个：

- 对图像中的客观对象构建明确而有意义的描述。（Ballard & Brown，1982）

- 从一个或多个数字图像中计算三维世界的特性。（Trucco & Verri，1998）

- 基于感知图像做出对客观对象和场景有用的决策。（Sockman & Shapiro，2001）

2. 计算机视觉处理对象

计算机视觉的处理对象是图像和视频。

- 图像包含维数、高度、宽度、深度、通道数、颜色格式、数据首地址、数据结束地址、数据量等概念。

- 图像深度：存储每个像素所用的位数，当一个像素占用的位数越多时，它所能表现的颜色越丰富。例如，8 位图的取值范围是 $0\sim2^8-1$，即 $0\sim255$。

- 图片格式与压缩：本质上，常见的图片格式是图片的压缩编码方式，如 JPG，BMP 等。

- 视频，即图片序列。视频中的每张有序图片都被称为"帧（frame）"。压缩后的视频，会采取各种算法减小数据的容量，其中 IPB 模式是最常见的。

3. 计算机视觉任务

计算机视觉的主要任务有以下五种：

- 图像分类：先给定一组各自被标记为单一类别的图像作为训练集，然后对新的测试图像的类别进行预测。

- 目标检测：识别图像中的对象目标，输出目标的边界框坐标和分类标签。例如，在汽车检测中，你必须使用边界框检测给定图像中的所有汽车。

- 目标跟踪：指在特定场景中跟踪某一个或多个特定的感兴趣对象的过程。传统的应用就是视频和真实世界的交互，即在检测到初始对象之后进行自动观察。现在，目标跟踪在无人驾驶领域非常重要。

- 语义分割：将图像先分成一个一个的像素，然后进行分类，并在语义上理解每个像素的类别。比如，识别是汽车、摩托车，还是其他的类别。由于整个任务需要精确确定每个物体的边界，因此需要用模型对密集的像素进行识别。

- 实例分割：除了语义分割任务，还需要实例分割在像素级别上将不同类型的目标实例进行分类。因为图像中大多存在多个重叠物体和不同背景的复杂景象等，而且还要确定对象的边界和关系，所以此任务比目标检测和语义分割更复杂。

1.2.2 计算机视觉发展历史

雏形阶段：20 世纪 50 年代前后，计算机视觉刚刚起步，依旧属于模式识别领域，主要处理对二维图像的分析和识别。20 世纪 60 年代中期，Lawrence Roberts 的《三维固体的机器感知》描述了从二维图片中推导三维信息的过程，开创了以理解三维场景为目标的三维计算机视觉研究。

初始阶段：20 世纪 70 年代，马尔在计算机视觉领域做出了最具开创性和最重要的贡献，提出了第一个完善的视觉框架——视觉计算理论框架。在视觉计算中，视觉被作为不同层次的信息处理过程，实现目标是计算机对外部世界的描述，以获得物体的三维形状。他提出三个层次的研究方法，即计算理论层、表征与算法层和实现层，由此提出了自上而下无反馈的视觉处理框架。

从此，计算机视觉成为一门独立学科。国际计算机视觉大会（International Conference on Computer Vision，ICCV）将最佳论文奖命名为马尔奖。如图 3-1-1 所示为 2019 年马尔奖的现场：

繁荣阶段：由于视觉计算理论框架的鲁棒性不够，因此无法在工业界得到广泛应用。随后，出现了主动视觉、定性视觉、目的视觉等各个学派。

图 3-1-1　2019 年马尔奖

中兴阶段：繁荣阶段持续的时间不长，且方法繁多，对后续计算机视觉的发展产生的影响并不大，犹如昙花一现。随后，人们发现多视几何理论下的分层三维重建能有效提高三维重建的鲁棒性和精度，由此，计算机视觉进入中兴阶段。

现代阶段：1999 年，David Lowe 发表论文 *Object Recognition from Local Scale-Invariant Features*，提出基于特征的对象识别方法。自此，三维重建方法正式退出历史舞台，而基于特征的计算机视觉方法正式拉开了序幕。现代计算机视觉方法基本上都由深度神经网络组成，尤其是卷积神经网络。

1989 年，Yann LeCun 将反向传播算法应用于 Fukushima 的卷积神经网络结构。随后，LeCun 发布了 LeNet 模型，这是第一个现代的卷积神经网络。2006 年前后，Geoffrey Hilton 提出了用 GPU 来优化深度神经网络的工程方法，并在《科学》杂志上发表了论文，首次提出"深度信念网络"的概念，他赋予多层神经网络一个新名词——深度学习。随后，深度学习在各个领域大放异彩。2009 年，FeiFei Li 在 CVPR 上发表了一篇名为 *ImageNet: A Large-Scale Hierarchical Image Database* 的论文，发布了 ImageNet 数据集，这改变了在人工智能领域人们对数据集的认识，这时人们才真正开始意识到数据集在研究中的地位，就像算法一样重要。ImageNet 是计算机视觉发展的重要"推动者"，也是深度学习的关键"推动者"。2012 年，Alex Krizhevsky，Ilya Sutskever 和 Geoffrey Hinton 创造了一个大型的深度卷积神经网络，即 AlexNet。此模型在 ImageNet 数据集中表现得极为出色，识别错误率从 26.2%降低到 15.3%。他们的论文 *ImageNet Classification with Deep Convolutional Networks*，被视为计算机视觉最重要的论文之一，自此，卷积神经网络成为计算机视觉的标准算法。

1.2.3　计算机视觉方法

以往，计算机视觉一般采用梯度方向直方图（Histogram of Gradient，HOG）、尺度不变特征变换（Scale-Invariant Feature Transform，SIFT）等传统的特征提取与浅层模型组合的方法。在人工智能火热的背景下，计算机视觉也逐渐转向以 CNN 为代表的端到端的深度学习模型。它们的对比如表 3-1-1 所示：

表 3-1-1

方法	特征提取	决策
传统方法	SIFT, HOG, Raw Pixel, …	SVM, Random Forest, …
深度模型	CNN 端到端	CNN 端到端

传统的计算机视觉方法的解决方案基本上都遵循"图像预处理→提取特征→建立模型（分类器/回归器）→ 输出"的流程。而在深度学习中，计算机视觉采用端到端的解决思路，即从输入到输出直接完成下游任务。其解决方案如图 3-1-2 所示。

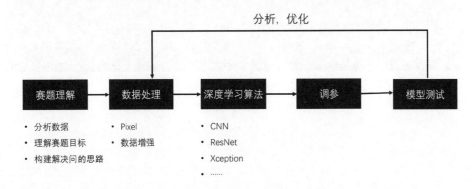

图 3-1-2　端到端深度学习计算机视觉模型

1.3　数据集介绍

天池平台公开此竞赛初赛的数据，数据集的布料图片来自佛山南海的纺织厂，由广东省政府提供。这个数据集有许多标记的布料缺陷，质量良好，涵盖了许多重要类型。

大赛数据涵盖了纺织业中布匹的各类重要瑕疵，每张图片含一种或多种瑕疵。数据包括素色布和花色布两类，其中，素色布的数据集约有 8000 张图片，用于初赛；花色布的数据集约有 12 000 张图片，用于复赛。初赛数据包含无疵点图片、有疵点图片和瑕疵的标注数据，如图 3-1-3 所示。标注数据详细标注了疵点所在的具体位置和疵点类别，如图 3-1-4 所示。

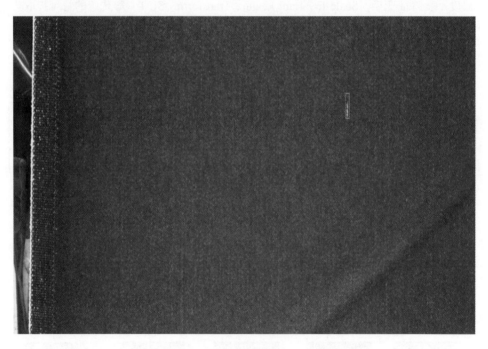

图 3-1-3　初赛数据图片

```
{
    "name": "72d06315a6bf5a290802001033.jpg",
    "defect_name": "浆斑",
    "bbox": [
        9.05,
        1.44,
        1659.29,
        235.1
    ]
},
{
    "name": "72d06315a6bf5a290802001033.jpg",
    "defect_name": "浆斑",
    "bbox": [
        5.4,
        527.18,
        427.09,
        998.15
    ]
},
{
    "name": "82c36d027e7816c70929000592.jpg",
    "defect_name": "粗维",
    "bbox": [
        2172.25,
        87.24,
        2263.52,
        112.8
```

图 3-1-4　初赛数据标注

1.4　赛题指标介绍

本赛题的评价指标为 ACC 与 MAP。

IOU（Intersection-Over-Union，交并比）是一种基于 Jaccard 索引的度量，用于计算两个边界框之间的重叠。它需要一个标注的真实边界框 B_{gt} 和一个预测边界框 B_p。IOU 由预测边界框和真实边界框之间的重叠面积除以它们之间的并集面积得出。

$$IOU = \frac{\text{area}\left(B_p \bigcap B_{gt}\right)}{\text{area}\left(B_p \bigcup B_{gt}\right)}$$

机器学习分类中的评价指标：

TP（True Positive）：正确分类的正样本数，即预测为正样本，实际也是正样本。

FP（False Positive）：被错误地标记为正样本的负样本数，即预测为正样本，实际为负样本。

TN（True Negative）：正确分类的负样本数，即预测为负样本，实际也是负样本。

FN（False Negative）：被错误地标记为负样本的正样本数，即预测为负样本，实际为正样本。

通过应用 IOU，我们可以判断检测是有效（真阳性）还是无效（假阳性）的，得出以下目标检测中的指标。

- 真阳性（TP）：检测正确。IOU≥阈值的边界框。

- 假阳性（FP）：检测错误。IOU<阈值的边界框。

- 假阴性（FN）：未检测到的真实边界框。

- 真阴性（TN）：不适用的指标。这将代表一个正确的无须检测框。在目标检测任务中，由于存在许多不应该在图像中检测到的可能边界框，因此，TN 是所有可能的背景框，故目标检测度量没有使用它。

1. ACC

ACC 是准确率有瑕疵或无瑕疵的分类指标，考查瑕疵的检出能力。其公式如下：

$$ACC = \frac{TP}{TP + FP + FN}$$

其中，提交结果 name 字段中出现过的测试图片均被认为有瑕疵，未出现的测试图片均被认为无瑕疵。在目标检测中，TP + FN 是所有真实边界框的数量。

2. MAP

查准率（Precision）和召回率（Recall）分别定义为

$$P = \frac{TP}{TP + FP}$$

$$R = \frac{TP}{TP + FN}$$

平均查准率（Average Precision, AP）：首先在不同阈值下获得查准率和召回率，并根据各个类别的 PR 值绘制 PR 曲线，然后通过每个"峰值点"往左画一条线段，直到与上一个峰值点的垂直线相交。这样画出来的红色水平直线与坐标轴围起来的面积就是 AP 值。如图 3-1-5 所示，AP 为蓝色部分的面积。

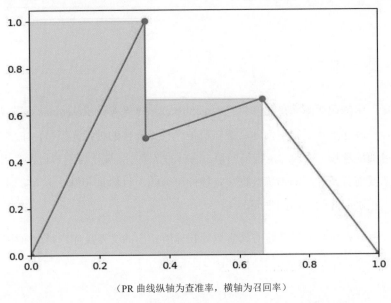

（PR 曲线纵轴为查准率，横轴为召回率）

图 3-1-5　AP 计算

AP 衡量的是模型对一个类别的检测能力，MAP 衡量的是对多个类别的检测能力，即取所有类别 AP 值的平均值。在此次竞赛的评分计算过程中，分别在检测边界框和真实边界框 IOU 的阈值 0.1，0.3，0.5 下计算 MAP，最终 MAP 取三个值的平均值。

3. 赛题分数

本赛题分数的计算方式为 $0.2\text{ACC} + 0.8\text{MAP}$。

1.5　赛题初步分析

此赛题的下游任务属于计算机视觉中的目标检测任务。

在分析赛题后，解题的初步思路如下：针对任务对精度的要求较高，优先使用 Two-Stage 算法预测，模型选择目标检测竞赛的通用配置"Cascade R-CNN + ResNet 系列 + FPN + DCN"模型，此模型会在后续章节中详细介绍。

2 深度学习基础

2.1 感知机

神经网络的起源算法是感知机（Perceptron），1958 年，Rosenblatt 第一次提出此模型，并成功解决了很多问题。感知机是一种二元化的神经元模型，主要应用于线性二分类的场景，输入的是特征向量，输出的是类别，属于判别式机器学习模型。此算法需要前置条件，即训练数据集是线性可分的，目标是获得一个可将训练数据集完全、正确分开的分离超平面。

感知机模拟生物神经系统对真实世界物体所做出的交互反应，是大脑生物神经元的简化模型。生物神经元的结构如图 3-2-1 所示。

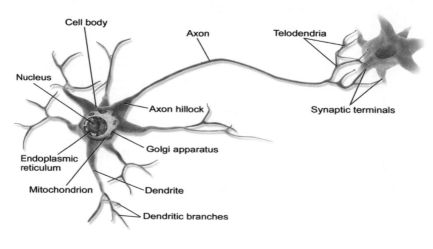

图 3-2-1　生物神经元[29]

在生物神经网络中，每个神经元与其他神经元连接，树突（Dendrite）接收神经元的大部分输入信号，其他神经元与这些树突形成 1000 至 10 000 个连接，细胞核处理电信号，使细胞体内的电位增加，一旦达到阈值，神经元就会沿着轴突发出一个尖峰。该尖峰沿着神经元的轴突（Axon）从细胞体行进到轴突的末端（Axon

Terminal），通过轴突末端连接到大约 100 个其他神经元。如
果神经元发出尖峰，则会将信号通过轴突末端传递到其他神
经元，而突触则是一个神经元与另一个神经元相互接触并传
递信号的结构。

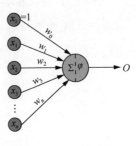

感知机尝试通过以下过程来模拟生物神经元，如图 3-2-2
所示，其由线性得分计算和阈值比较两个过程组成，根据比
较结果判断样本是正类还是负类，以实现二分类的效果。

图 3-2-2   感知机模型

感知机的组成：

输入与权重：感知机接收的多个输入信号 $\left(x_1, x_2, \cdots, x_n \mid x_i \in \mathbf{R}\right)$ 为向量 x，因为
每个输入信号都有一个权重 $w_i \in \mathbf{R}$ 组成向量 w，还存在一个偏置项 $b = w_0$，所以向
量 $\overline{x}$ 增加一列 $x_0 = 1$，即向量 w 增广为 $\overline{w}$。

激活函数：感知机选择将符号函数作为激活函数，实现在阈值左右对信号的
选择。

$$\operatorname{sign}(x) = \begin{cases} +1, & x > 0 \\ -1, & x < 0 \end{cases}$$

输出：感知机的输出是先计算输入的加权和，然后将其传递给阈值函数 sign() 并
输出结果，是一个将多个输入组合以产生输出的过程。

$$f(x) = \operatorname{sign}\left(\overline{w}^{\mathrm{T}} \cdot \overline{x}\right)$$

$$\operatorname{sign}(x) = \begin{cases} 1, & x > 0 \\ -1, & x < 0 \end{cases}$$

下面设计一个感知机，实现带有两个参数的 and 二元函数运算的拟合，真值表
如表 3-2-1 所示。

表 3-2-1

x_1	x_2	y
0	0	0
0	1	0
1	0	0
1	1	1

其中，0 表示 false，1 表示 true。当 $w_0 = -0.6, w_1 = 0.5, w_2 = 0.5$ 时，感知机可以实现 and 函数的拟合。输入第一行数据：$x_1 = 0$ 和 $x_2 = 0$，感知机模型的决策结果如下：

$$
\begin{aligned}
y &= f\left(\overline{\boldsymbol{w}}^{\mathrm{T}} \overline{\boldsymbol{x}}\right) \\
&= f\left(w_0 x_0 + w_1 x_1 + w_2 x_2\right) \\
&= f\left(-0.6 \times 1 + 0.5 \times 0 + 0.5 \times 0\right) \\
&= f(-0.6) \\
&= -1 \\
&= 分类0
\end{aligned}
$$

因为感知机可以拟合所有线性函数，所以线性分类或线性回归都可以用感知机来解决。上面 and 运算符的拟合，可以被看作线性二分类问题的求解，即给定一个输入，输出-1（属于分类 0）或 1（属于分类 1），用一条直线把分类 0（false）和分类 1（true）分开。

2.2　梯度下降法

根据感知机的建模和决策过程可知，找到合适的参数 w，是感知机成功执行下游任务的关键。

感知机参数 w 的学习更新过程：首先建立误分类的连续可导的损失函数，即所有误分类点到超平面 S 的总距离。

超平面方程为

$$
\overline{\boldsymbol{w}}^{\mathrm{T}} \overline{\boldsymbol{x}} = \boldsymbol{w}^{\mathrm{T}} \boldsymbol{x} + b = 0
$$

因为其向量为 $\boldsymbol{w}^{\mathrm{T}}$，所以超平面外任一点 x_i 到超平面的距离为 $\dfrac{1}{\|\boldsymbol{w}\|}\left|\boldsymbol{w}_i^{\mathrm{T}} x_i + b\right|$。如果点 x_i 被误分类，则一定有 $-y_i\left(\overline{\boldsymbol{w}}^{\mathrm{T}} \overline{\boldsymbol{x}}\right) > 0$，在去掉绝对值符号后，误分类点 x_i 到超平面 S 的距离为 $-\dfrac{1}{\|\boldsymbol{w}\|} y_i\left(\overline{\boldsymbol{w}}^{\mathrm{T}} \overline{\boldsymbol{x}}\right)$。

所有误分类点构成集合 M，其到超平面 S 的总距离为 $-\dfrac{1}{\|\boldsymbol{w}\|} \sum\limits_{x_i \in M} y_i\left(\overline{\boldsymbol{w}}^{\mathrm{T}} \overline{\boldsymbol{x}}\right)$。其中，$\dfrac{1}{\|\boldsymbol{w}\|}$ 与误分类驱动的 $y_i\left(\overline{\boldsymbol{w}}^{\mathrm{T}} \overline{\boldsymbol{x}}\right)$ 正负值的判断无关，不影响算法的中间过程；而

$\|\boldsymbol{w}\|$ 处于分母中，不会影响更新的最终结果。因此，损失函数如下：

$$L(\boldsymbol{w}) = -\sum_{x_i \in M} y_i \left(\bar{\boldsymbol{w}}^{\mathrm{T}} \bar{\boldsymbol{x}} \right)$$

这时，感知机的权重求解转换为最优化问题 $\min_{\bar{w}} -\sum_{x_i \in M} y_i \left(\bar{\boldsymbol{w}}^{\mathrm{T}} \bar{\boldsymbol{x}} \right)$。然后，利用梯度下降法（Gradient Descent）对损失函数进行最小化求解，解得权重。

梯度下降法是沿梯度相反方向下降求函数最小值的优化算法，当损失函数是凸函数时，其得到的解一定是全局最优解。

梯度是多变量微分一般化的一个向量，即由多元函数的所有偏导数构成的向量。其大小为分别对每个变量进行偏微分，方向为函数在给定点上升最快的方向。

$$\nabla f(\boldsymbol{\Theta}) = \left(\frac{\partial f}{\partial \boldsymbol{\Theta}_1}(\boldsymbol{\Theta}), \cdots, \frac{\partial f}{\partial \boldsymbol{\Theta}_n}(\boldsymbol{\Theta}) \right)$$

因为方向导数是函数在空间某一个方向上的变化率，所以存在模值（即大小）最大的方向导数，其大小是梯度的模值，函数在该点方向上导数最大的方向是梯度的方向。其可由以下多元函数在某点 $\boldsymbol{\Theta}_0$ 的泰勒展开式得出：在几何意义上，梯度方向就是函数变化增加最快的方向。

$$f(\boldsymbol{\Theta}) = f(\boldsymbol{\Theta}_0) + \nabla f(\boldsymbol{\Theta}_0)(\boldsymbol{\Theta} - \boldsymbol{\Theta}_0) + \frac{1}{2}(\boldsymbol{\Theta} - \boldsymbol{\Theta}_0)^{\mathrm{T}} \boldsymbol{H}(\boldsymbol{\Theta} - \boldsymbol{\Theta}_0) + O\left(|\boldsymbol{\Theta} - \boldsymbol{\Theta}_0|^3 \right)$$

$\boldsymbol{H}$ 表示 Hessian 矩阵。当 $\boldsymbol{H}$ 矩阵是正定矩阵时，$f(\boldsymbol{x})$ 在 $\boldsymbol{\Theta}_0$ 局部极小。

梯度下降法对优化目标函数 $f(\boldsymbol{\Theta})$ 的参数 $\boldsymbol{\Theta}_1$ 的更新过程如下：

$$\boldsymbol{\Theta}^1 = \boldsymbol{\Theta}^0 - \alpha \nabla f(\boldsymbol{\Theta}_1)$$

其表示当前位置为 $\boldsymbol{\Theta}^0$ 点，要达到优化函数 $f(\boldsymbol{\Theta})$ 的最小值点。首先我们确定前进的方向，也就是梯度的反向，然后走一段距离的步长或学习率，也就是 α，再更新这个数值，就到达 $\boldsymbol{\Theta}^1$ 点，其中 α 的作用是控制每一步走的距离。每次迭代都会根据当前位置求得的梯度方向和步长大小找到一个新的位置，这样不断迭代，最终到达优化函数局部最优值。

在感知机模型中，由于损失函数的梯度如下：

$$\nabla_{w} L(\boldsymbol{w}) = -\sum_{x_i \in M} y_i x_i$$

因此，感知机算法的权重更新策略为

$$w = w + \alpha \frac{1}{M} \sum_{x_i \in M} y_i x_i$$

梯度下降法在每次对模型参数进行更新时，都需要遍历所有的训练数据，耗费了巨大的计算资源和较多的计算时间，而随机梯度下降法（Stochastic Gradient Descent）解决了该问题。它在每一次迭代时只考虑一个训练样本 $\nabla f_i(\boldsymbol{\Theta}_1)$，即采用单个训练样本的损失作为平均损失来更新参数。

$$\boldsymbol{\Theta}^1 = \boldsymbol{\Theta}^0 - \alpha \nabla f_i(\boldsymbol{\Theta}_1)$$

感知机算法通过每次从训练数据中取出一个样本的输入向量来计算输出，再根据随机梯度下降法调整权重，经过多轮迭代后，就可以训练出权重，且使损失函数达到最优值。

$$w = w + \alpha y_i x_i$$

梯度下降法的每次学习都会朝着正确的方向进行参数更新，其中凸函数可以保证收敛于全局极值点，非凸函数可能会收敛于局部极值点，但学习时间太长。而随机梯度下降法可能并不会按照正确的方向进行更新权重，但训练速度较快，且对于非凸函数，可能最终会收敛于一个较好的局部极值点，甚至全局极值点。

2.3 多层感知机

多层感知机（Multilayer Perceptron, MLP），即人工神经网络（Artificial Neural Network, ANN），是以计算模型模拟神经元活动而建立的一种信息处理系统。多层感知机在感知机的基础上引入隐藏层（Hidden Layer），其位于输入层和输出层之间，每一层包含多个感知机（即神经元），相邻层之间的神经元用带可变权重的边进行全连接，通过对连接权重更新的优化方法可以使多层感知机完成下游任务。多层感知机的模型如图 3-2-3 所示。

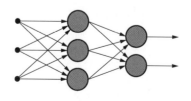

图 3-2-3 多层感知机模型

多层感知机由输入层、隐藏层和输出层构成，并且上一层的每一个神经元与下一层的所有神经元都有连接。它是前馈人工神经网络模型，可以将输入的多个数据映射到输出的数据上，本质上是对极其复杂的非线性函数的拟合。

前向传播的过程：对于每个神经元，首先将输入信号与权重相乘再加上偏值，计算所有输入的加权和，然后利用激活函数产生输出信号，并传输至下一层的感知机中。每个感知机都可以被看作生物神经网络中的一个细胞，其决定了输入信号的流动和转换，从而对大脑工作机制进行模拟。

一层隐藏层的多层感知机前向传播如下：

$$H = \phi(W_H X)$$
$$\text{Output} = W_o H$$

感知机的堆叠依旧是多个仿射变换的叠加，而引入非线性函数可以使数学变换的拟合更加多样，这个非线性函数被称为激活函数。其中，H 为隐藏层输出，X 为输入数据，W_H 为隐藏层权重矩阵，ϕ 为激活函数，Output 为输出层输出，W_o 为输出层权重矩阵。

常见的激活函数如下：

Sigmoid 函数将元素的值变换到 0 和 1 之间：$\text{sigmoid}(x) = \dfrac{1}{1 + \exp(-x)}$，如图 3-2-4 所示。

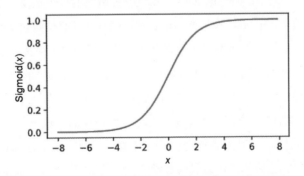

图 3-2-4　Sigmoid 函数

Tanh 函数将元素的值变换到-1 和 1 之间：$\tanh(x) = \dfrac{1 - \exp(-2x)}{1 + \exp(-2x)}$，如图 3-2-5 所示。

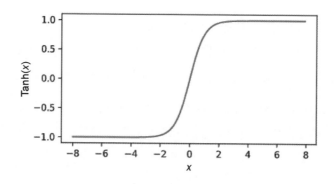

图 3-2-5　Tanh 函数

ReLU（Rectified Linear Unit）函数： $\mathrm{ReLU}(x) = \max(x, 0)$，如图 3-2-6 所示。

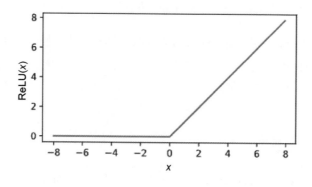

图 3-2-6　ReLU 函数

梯度消失（Gradient Vanishment）是影响神经网络的一个重要因素。传统的神经网络训练大多数用 Sigmoid 作为激活函数，而当神经网络层数较多时，Sigmoid 函数在反向传播中的梯度值随着多次相乘会逐渐减小，经过多层传递后会呈现指数级减小，故发生梯度消失现象。而 ReLU 函数可以解决梯度消失的问题，因为其中大于 0 的部分的梯度为常数 1，所以多次相乘不会产生梯度消失现象。在定义域小于 0 处的导数为 0，此时神经元不训练，故增加了神经网络的稀疏性。ReLU 函数类似于人脑的阈值响应机制，即在信号超过某个阈值后，神经元才进入兴奋和激活的状态。而生物神经元编码的工作方式具有稀疏性，其中大脑同时被激活的神经元只有 1%～4%，大量不相关的信号被屏蔽，这样可以更高效地提取特征。

2.4　反向传播

反向传播（Back Propagation）算法是目前训练人工神经网络最常用且最有效的算法。

该算法的基本原理：计算多层感知机的输出结果与实际结果的误差，并将该误差从输出层向隐藏层反向传播，直至输入层，并根据误差调整权重的值，不断迭代至收敛。它是梯度下降算法在链式法则上的一种扩展。

L 层神经网络的损失函数如下：

$$L = \left(y - W^{L-1}\sigma\left(W^{L-2}\cdots W^2\sigma\left(W^1 x\right)\right)\right)^2$$

令 $e = y - W^{L-1}\sigma\left(W^{L-2}\cdots W^2\sigma\left(W^1 x\right)\right)$，可得第 i 层权重的梯度公式：

$$\frac{\partial F_s(\theta)}{\partial W^i} = -2\left(W^{L-1}D^{L-2}\cdots W^{i+1}D^i\right)^{\mathrm{T}} e\sigma\left(W^{i-1}\cdots W^2\sigma\left(W^1 x\right)\right)^{\mathrm{T}}$$

2.5　深度神经网络 PyTorch 实现

1. 张量与自动梯度

PyTorch 是基于以下两个目的而打造的 Python 科学计算框架。

- 无缝替换 NumPy，并且利用 GPU 的算力来实现神经网络的加速。

- 通过自动微分机制来让神经网络的实现变得更加容易。

PyTorch 库的导入方式：

```
import torch
```

在 PyTorch 中，神经网络的参数数据使用张量描述。张量是可以在 GPU 或其他专用硬件上运行得到更快的加速效果且类似于 Numpy ndarrays 的数据结构。

对张量进行初始化的四种方式如下。

- 由原始数据直接生成张量，代码示例如下：

```
data = [[1, 2], [3, 4]]
x_data = torch.tensor(data)
```

- 从已有的 Numpy 数组中生成张量，代码示例如下：

```
import numpy as np
np_array = np.array(data)
torch.from_numpy(np_array)
```

- 通过已有张量的结构、类型来生成新的张量，代码示例如下：

```
x_ones = torch.ones_like(x_data)
torch.rand_like(x_data, dtype=torch.float)
```

- 用描述张量维数的元组类型指定数据维度来生成张量，代码示例如下：

```
shape = (3,5,)
rand_tensor = torch.rand(shape)
ones_tensor = torch.ones(shape)
zeros_tensor = torch.zeros(shape)
```

张量的三个属性：维数、数据类型及存储设备。

```
tensor = torch.rand(3,4)
tensor.shape
tensor.dtype
tensor.device
```

张量的运算，如转置、索引、切片、数学运算、线性代数、随机采样等。

```
# 索引与切片
tensor = torch.ones(3, 3)
tensor[:,1] = 0
# 张量拼接
torch.cat([tensor, tensor, tensor], dim=1)
# 逐元素乘积
tensor.mul(tensor)
tensor * tensor
# 矩阵乘法
tensor.matmul(tensor.t())
tensor @ tensor.t()
# 与 Numpy 数组互转
```

```
t = torch.ones(5)
n = t.numpy()
n = np.ones(5)
t = torch.from_numpy(n)
```

torch.autograd 是 PyTorch 用于计算向量雅可比积的引擎。在使用时，设置张量参数 requires_grad=True，启动 Autograd。当调用.backward()时，由 Autograd 计算梯度并将其存储在张量的.grad 属性中。

```
a = torch.tensor([2., 3.], requires_grad=True)
b = torch.tensor([6., 4.], requires_grad=True)
Q = 5*a**4 - b**3
# 需要显式传递 gradient 参数，它表示相对于本身的梯度
external_grad = torch.tensor([1., 1.])
Q.backward(gradient=external_grad)
print(a.grad)
print(b.grad)
```

2. 深度神经网络 PyTorch 实现

使用 torch.nn 构建深度神经网络：

```
import torch
import torch.nn as nn
import torch.nn.functional as F

class DNN(nn.Module):

    def __init__(self):
        super(DNN, self).__init__()
        self.fc1 = nn.Linear(300, 120)
        self.fc2 = nn.Linear(120, 84)
        self.fc3 = nn.Linear(84, 10)

    def forward(self, x):
        x = F.relu(self.fc1(x))
        x = F.relu(self.fc2(x))
        x = self.fc3(x)
        return x
```

```
MLPnet = DNN()
print(MLPnet)
```

模型的权重由.parameters()返回。只需要定义 forward 函数，就可以使用 autograd 自动定义 backward 函数（计算梯度）。

```
MLPnet.parameters()
```

随机输入查看多层感知机输出：

```
input = torch.randn(1, 1, 300)
out = MLPnet(input)
print(out)
```

使用随机梯度将所有参数和反向传播的梯度缓冲区归零：

```
MLPnet.zero_grad()
out.backward(torch.randn(1, 1, 10))
```

定义损失函数：

```
target = torch.randn(10)
target = target.view(1, -1)
criterion = nn.MSELoss()
loss = criterion(out, target)
print(loss)
```

反向传播：

```
MLPnet.zero_grad()
print(MLPnet.fc1.bias.grad)
loss.backward(retain_graph=True)
print(MLPnet.fc1.bias.grad)
```

权重更新：

```
import torch.optim as optim
optimizer = optim.SGD(MLPnet.parameters(), lr=0.01)
optimizer.zero_grad()
output = MLPnet(input)
loss = criterion(output, target)
loss.backward()
optimizer.step()
```

3 卷积神经网络与数据处理

3.1 卷积运算与互相关运算

卷积是泛函分析中一种重要的抽象算子。定义如下：

若 $f(x)$，$g(x)$ 是 **R** 上的两个可积函数，则 $(f*g)(t)$ 被称为函数 $f(x)$ 与 $g(x)$ 的卷积。

连续形式的卷积定义如下：

$$(f*g)(t) = \int_{-\infty}^{\infty} f(\tau)g(t-\tau)\mathrm{d}\tau$$

连续形式的卷积可以通过金属氧化的例子进行理解。假设生产金属的速度函数为 $f(x)$，金属氧化的函数为 $g(x)$，300 小时后，金属氧化的数量可以用连续卷积求解。

$$(f*g)(300) = \int_{0}^{300} f(\tau)g(300-\tau)\mathrm{d}\tau$$

离散形式的卷积定义如下：

$$(f*g)(t) = \sum_{\tau=-\infty}^{\infty} f(\tau)g(t-\tau)$$

离散形式的卷积可以通过掷骰子这一常见的例子来理解。两个骰子加起来等于 5 的概率可以利用卷积运算求解，其中 $f(x)$ 函数表示第一枚骰子抛出 x 点的概率，$g(x)$ 函数表示第二枚骰子抛出 x 点的概率，则两枚骰子点数加起来为 5 的概率为 $f(1)g(4)+f(2)g(3)+f(3)g(2)+f(4)g(1)$，用离散卷积的形式表示如下：

$$(f*g)(5) = \sum_{\tau=1}^{4} f(\tau)g(5-\tau)$$

对函数 $f(x)$ 和 $g(x)$ 的约束条件就是点数和，即卷积函数的自变量。

在上述两个卷积的过程中，先对 $g(x)$ 函数进行翻转，这就是卷积中"卷"的由来，然后将 $g(x)$ 函数平移到 t 位置，再在此位置将 $f(x)$ 函数和 $g(x)$ 函数的对应点相乘后相加求和，这个过程就是卷积的过程。因此，卷积就是两个函数的积分或对其乘积求和。其中，一个函数会滑动，被视为移动的加权平均的权重；另一个函数被视为被平均的角色。对于所有的实数，公式中的连续积分或离散求和都是存在的，即卷积运算定义了一个新函数。卷积过程如图 3-3-1 所示。

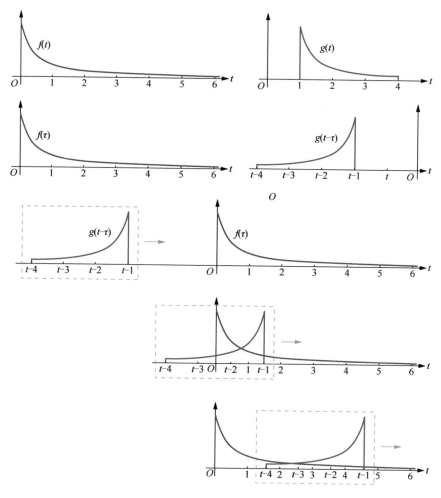

图 3-3-1　卷积过程[30]

在信号处理领域中，$f(x)$ 函数为信号，$g(x)$ 函数为滤波器。深度学习领域中的互相关运算（Cross-Correlation）是一种类似卷积的运算，即互相关 $f*g$ 为第一个函数 $f(x)$ 依次作复共轭和平移后，与第二个函数相乘的无穷积分。其物理意义反映了两个信号之间相似性的量度。

$$f * g = \overline{f(-t)} * g(t)$$

其中，$\overline{f(-t)}$ 表示 $f(-t)$ 的复共轭。

当被限定在实数域时，互相关运算相当于求两个函数的曲线相对平移 1 个参变量后形成的重叠部分与横轴所围区域的面积，即两个函数之间的滑动点积或滑动内积。

$$f * g(t) = \int_{-\infty}^{\infty} f(\tau - t) g(\tau) \mathrm{d}\tau$$

其中，变量 t 被称为滞后。在以上运算中，滤波器不经过反转，而是直接滑过函数 $f(x)$，反映信号之间的相关性。运算过程为两个函数的内积运算，内积结果越大，投影越大，两个向量间的夹角越小，方向越一致，相似度越高。

离散情况下的互相关公式如下：

$$f * g(t) = \sum_{\tau = -\infty}^{\infty} f(\tau - t) g(\tau)$$

从数学的角度来看，互相关与卷积类似，只是在卷积的运算中，多了一个对函数的翻转操作。

3.2 卷积神经网络

卷积神经网络的雏形是 1980 年引入的 Neocognitron 算法，其模仿了神经系统的层次模型。1989 年，Yann LeCun 将反向传播算法引入 Neocognitron 的学习过程，并提出 LeNet，用于手写的邮政编码识别。1998 年，LeNet-5——第一个现代卷积神经网络问世。2012 年，多伦多大学的研究人员提出 AlexNet，并在著名的 ImageNet 挑战赛中获胜。从此，基于卷积神经网络的深度学习不断在计算机视觉领域中取得突破。

卷积神经网络由卷积层、池化层、全连接层组成，是多层感知机的一个特殊版本，其中全连接层就是前面讲到的多层感知机。

卷积层实际上是一个二维的互相关运算。二维的互相关运算为取一个给定大小

的滤波器 $g(i-x, j-y)$，将其放在与滤波器大小相同的二维信号的一个局部区域上乘积求和，且移动滤波器，直至在信号上滑动结束。

$$f * g(x, y) = \sum_{i=-N}^{N} \sum_{j=-N}^{N} f(i, j) g(i-x, j-y)$$

互相关运算模拟了人类视觉系统的平移不变性（感知、响应或检测图像中任意相同位置的物体）和局部性（聚焦于局部区域）。图像互相关的过程，如图 3-2-3 所示：

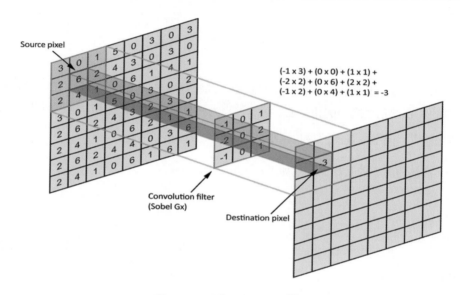

图 3-3-2　图像互相关过程[31]

在计算机视觉任务下，由于像素矩阵中的每个像素与它周围的像素高度相关，而且距离越近，相关性越强。因此，神经元不必依次全连接，只需要先使用互相关运算接受相关的像素进行加权求和，然后对图像进行局部特征提取即可，这样可以省略大量参数，避免出现过拟合现象。

不同的卷积核定义不同的模式，产生不同的特征图（feature map）。在滑动过程中，与卷积核相似程度越大的像素区域，做互相关运算得到的值越大。当前位置与该卷积核代表的模式越像，响应就越强。当输入为多通道图像时，在相应像素区域的不同通道分别进行互相关运算求和即可。

互相关运算可以提取图片的特征，以构成特征图。图 3-3-3 以一种固定的卷积核——索贝尔算子处理图片，对图像进行互相关运算，其中每个像素的响应代表在图像中存在与索贝尔算子相似度极高的边缘，因此，结果可以获得整个图的边缘响应，即通过卷积核得到了特征。

图 3-3-3 索贝尔算子卷积结果

要想提取整张图片尽可能多的特征模式，利用缺乏泛化能力的人工定制卷积核是行不通的，因此，我们可以利用多层感知机原理，通过将多层的多个可学习参数的卷积核组合成复杂模式，使卷积神经网络的表达能力和泛化能力大大增强。

另外，卷积核在整张图片上实现了参数共享机制，其可被视为一个神经元，不需要像多层感知机一样使用大量的权重。在卷积层中，由于每个卷积核只关注一种模式，如垂直边缘、水平边缘、颜色、纹理等，是整张图片的特征提取器，因此我们可以减小训练更新的权重参数量。

池化层在卷积层的中间，以图像压缩的思想进行采样，调整图像的大小，用于压缩数据和参数的量，减小过拟合。其具体过程是对卷积提取到的特征图的局部进行筛选或融合，选取适当的，有代表性的数值来表示此位置。有两种常见的池化操作：最大池化和平均池化，其中最大池化提取特征图区域内的最大值（图 3-3-4），平均池化提取特征图区域内的平均值。

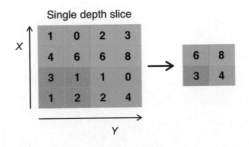

图 3-3-4 最大池化结果

　　池化层可以提供空间方差，提升整体卷积神经网络的泛化能力。从图像压缩的角度来看，删除的特征数据是无关紧要的，保留下来的特征具有尺度不变性，最能表达原始图像。从降维的角度来看，池化剔除了特征图中的冗余信息，保留了最重要的特征。

　　深度学习的核心是表示学习，即通过多层卷积核获取多层次的特征信息，从而表示原始图像。多层网络堆叠是数学上的逐层映射，最终卷积神经网络本质上是先构成一种输入到输出的复杂映射，然后通过随机梯度下降算法学习、更新映射内部的权重，从而得出一个端到端的可解决下游任务的决策映射关系。最早的卷积神经网络就是 LeNet-5，其就是由前面介绍的卷积层、池化层和全连接层组成的。

3.3　卷积神经网络的反向传播算法

　　卷积神经网络的反向传播算法与多层感知机不同，具体情况由以下公式给出。

　　情况 1：已知池化层的 δ^l，推导上一隐藏层的 δ^{l-1}。在反向传播时，需要把 δ^l 的所有子矩阵的大小还原成池化之前的大小。如果是最大池化，则把 δ^l 所有子矩阵的各个池化局域的值放在之前做前向传播算法得到的最大值的位置。如果是平均池化，则把 δ^l 所有子矩阵的各个池化局域的值取平均后放在还原后的子矩阵的位置。这个过程被称为上采样（upsample）。

$$\delta_k^{l-1} = \left(\frac{\partial a_k^{l-1}}{\partial z_k^{l-1}} \right)^{\mathrm{T}} \frac{\partial J(W,b)}{\partial a_k^{l-1}} = \mathrm{upsample}\left(\delta_k^l\right) \odot \sigma'\left(z_k^{l-1}\right)$$

$$\delta^{l-1} = \mathrm{upsample}\left(\delta^l\right) \odot \sigma'\left(z^{l-1}\right)$$

　　情况 2：已知卷积层的 δ^l，推导上一隐藏层的 δ^{l-1}。

$$\delta^{l-1} = \left(\frac{\partial z^l}{\partial z^{l-1}} \right)^{\mathrm{T}} \delta^l = \delta^l \mathrm{rot}180\left(W^l\right) \odot \sigma'\left(z^{l-1}\right)$$

其中，rot180 为翻转 180°。

　　情况 3：已知卷积层的 δ^l，推导该层的 W,b 的梯度。

$$\frac{\partial J(W,b)}{\partial b^l} = \sum_{u,v} \left(\delta^l\right)_{u,v}$$

3.4   卷积神经网络 PyTorch 实现

在计算机视觉任务中，PyTorch 有一个 torchvision 包，其中包含用于常见数据集（如 Imagenet，CIFAR10，MNIST 等）的数据加载器，以及用于图像（即 torchvision.datasets 和 torch.utils.data.DataLoader）的数据转换器。

3.4.1   卷积神经网络简单实现示例

下面我们来搭建一个简单的卷积神经网络，以完成对 MNIST 数据集的图像分类。MNIST 数据集是一个经典的数据集，包含手写数字 0~9 的样本图片，而图像分类是计算机视觉中的基础任务。

导入所需的 PyTorch 包：

```
import torch
import torchvision
import torchvision.transforms as transforms
```

加载并标准化 MNIST 数据集：

```
transform = transforms.Compose([transforms.ToTensor(),
                      transforms.Normalize((0.5, 0.5, 0.5),
                                (0.5, 0.5, 0.5))])


train_data = torchvision.datasets.MNIST(root='.\data',
                            train=True,
                            transform=transform,
                            download=True)
trainloader = torch.utils.data.DataLoader(train_data, batch_size=64,
                            shuffle=True)
test_data = torchvision.datasets.MNIST(root='.\data',
                            train = False)
testloader = torch.utils.data.DataLoader(test_data, batch_size=64,
                            shuffle=False)
```

展示一些训练图像：

```
import matplotlib.pyplot as plt
import numpy as np
```

```python
def imshow(img):
    img = img / 2 + 0.5     # unnormalize
    npimg = img.numpy()
    plt.imshow(np.transpose(npimg, (1, 2, 0)))
    plt.show()


dataiter = iter(trainloader)
images, labels = dataiter.next()
plt.show()
imshow(torchvision.utils.make_grid(images))
print(labels)
```

定义卷积神经网络：

```python
import torch.nn as nn
import torch.nn.functional as F


class Net(nn.Module):
    def __init__(self):
        super(Net, self).__init__()
        self.conv1 = nn.Conv2d(1, 6, 5)
        self.pool = nn.MaxPool2d(2, 2)
        self.conv2 = nn.Conv2d(6, 16, 5)
        self.fc1 = nn.Linear(16 * 4 * 4, 120)
        self.fc2 = nn.Linear(120, 84)
        self.fc3 = nn.Linear(84, 10)

    def forward(self, x):
        x = self.pool(F.relu(self.conv1(x)))
        x = self.pool(F.relu(self.conv2(x)))
        x = x.view(-1, 16 * 4 * 4)
        x = F.relu(self.fc1(x))
        x = F.relu(self.fc2(x))
        x = self.fc3(x)
        return x


net = Net()
```

定义损失函数与优化器：

```
import torch.optim as optim


criterion = nn.CrossEntropyLoss()
optimizer = optim.SGD(net.parameters(), lr=0.001, momentum=0.9)
```

训练网络：

```
for epoch in range(1):
    #step,代表现在是第几个batch_size
    #batch_x 训练集的图像
    #batch_y 训练集的标签
    for step, (batch_x, batch_y) in enumerate(trainloader):
        #model 只接受 Variable 的数据，需要转换
        b_x = Variable(batch_x)
        b_y = Variable(batch_y)
        #将 b_x 输入 model 并得到返回值
        output = net(b_x)
        #计算误差
        loss = criterion(output, b_y)
        #将梯度转换为 0
        optimizer.zero_grad()
        #反向传播
        loss.backward()
        #优化参数
        optimizer.step()
        #打印操作，用测试集检验是否预测准确
        if step%50 == 0:
            test_output = net(test_x)
            #squeeze 将维度值为 1 的除去,如将[64, 1, 28, 28]转换为[64, 28, 28]
            pre_y = torch.max(test_output, 1)[1].data.squeeze()
            #总预测对的数量除总数就是预测对的概率
            accuracy = float((pre_y == test_y).sum()) /
 float(test_y.size(0))
            print("epoch:", epoch,  "|test accuracy: %.4f" %accuracy)
```

测试网络：

```
dataiter = iter(testloader)
images, labels = dataiter.next()

# print images
imshow(torchvision.utils.make_grid(images))
print('GroundTruth: ', ' '.join('%5s' % classes[labels[j]] for j in
range(4)))
```

3.4.2　竞赛数据预训练模型

在 PyTorch 中，其实我们无须像上面 MNIST 数据集的例子一样，手动搭建卷积神经网络，直接调用预训练模型即可。这里我们调用 VGG 和 ResNet 模型。

ResNet18 无权重模型加载：

```
import torchvision
model = torchvision.models.resnet18(pretrained=False) #不下载预训练
权重
print(model)
```

ResNet50 加载：

```
from torchvision import datasets, models, transforms
# 自动下载官方的预训练模型
model_resnet50 = models.resnet50(pretrained=True)
print(model_resnet50)
# 将所有的参数层进行冻结
for param in model_resnet50.parameters():
    param.requires_grad = False
#获取 conv1 层的输入
num_conv1_in_cha = model_resnet50.conv1.in_channels
print(num_conv1_in_cha)
```

在预训练模型上定义新卷积层：

```python
from torch import nn
# 定义一个新的 conv1 层
model_resnet50.conv1 = nn.Conv2d(1, 64, kernel_size=(7, 7), stride=(2, 2), padding=(3, 3), bias=False)
#再次获取 conv1 层的输入
num_conv1_in_cha = model_resnet50.conv1.in_channels
print(num_conv1_in_cha)
```

4 区域卷积神经网络系列算法

4.1 目标检测的基本概念

目标检测是计算机视觉的核心任务，可应用在机器人导航、智能监控、工业检测等实际领域中。随着深度学习的发展，现阶段基于深度学习的目标检测算法有两类，分别为 One-Stage 目标检测算法和 Two-Stage 目标检测算法。目标检测就是找出图像中所有感兴趣的目标，并确定其类别和位置。由于目标检测可能会存在多个目标，因此不仅需要判断物体类别，还要准确定位物体位置，由此目标检测任务可分为物体分类和物体定位两个子任务。

Two-Stage 算法在第一步特征提取后会生成一个有可能包含待检测物体的候选区域（Region Proposal，RP），第二步通过卷积神经网络进行分类和定位回归。常见的 Tow-Stage 算法有 R-CNN，SPP-Net，Fast R-CNN（快速区域卷积神经网络），Faster R-CNN（更快区域卷积神经网络）等，此类算法以准确率高为特点。

One-Stage 算法不用生成候选区域，而是直接在网络中提取特征预测目标分类和位置，即在特征提取后直接分类加定位。常见的 One-Stage 目标检测算法有 OverFeat，YOLOv1，YOLOv2，YOLOv3，SSD 等。

目标检测的最终结果是生成边界框（Bounding Box，BBox），即包含检测物体的最小矩形，检测目标在此矩形内部，形式为一组 (x, y, w, h) 数据。在一般情况下，(x, y) 为边界框的左上角坐标，也可以定义为边界框的其他固定点；w 和 h 分别表示边界框的宽和高。因此，边界框可以唯一确定一个目标的定位。目标检测结果如图 3-4-1 所示。

真实边界框是人工标注在图像上的边界框，形式也是一组 (x, y, w, h) 数据。由于目标检测算法的目的是让生成边界框与真实边界框一致，因此我们分两部分学习生成边界框的变形比例，即对边界框固定坐标 (x, y) 的移动 (d_x, d_y) 和对边界框大小

(w,h) 的缩放 $(d_w,\ d_h)$。最直观的变换公式如下：

$$\mathrm{GroundTruth}_x = \mathrm{BBox}_x + d_x$$
$$\mathrm{GroundTruth}_y = \mathrm{BBox}_y + d_y$$
$$\mathrm{GroundTruth}_w = \mathrm{BBox}_w d_w$$
$$\mathrm{GroundTruth}_h = \mathrm{BBox}_h d_h$$

图 3-4-1　　目标检测结果[32]

4.2　区域卷积神经网络

区域卷积神经网络（Region CNN，R-CNN）首次将深度学习引入目标检测领域，大幅提升了目标检测的识别精度。R-CNN 还启发了一系列目标检测算法，如 Fast R-CNN，Faster R-CNN，Mask R-CNN，R-CNN 代表了 Two-Stages 目标检测的源头，从此卷积神经网络成为目标检测任务的常规方法。

R-CNN 原始模型应用的预训练数据集为 1000 万的图像，1000 类的 ImageNet ILSVC 2012；目标检测数据集为 10 000 的图像，20 类的 PASCAL VOC 2007。其首次将手动提取特征的方法更换为卷积神经网络提取特征，将经典目标检测算法中通过滑动窗法对所有可能区域的判断更换为提取一系列比较可能是物体的候选区域，并在候选区域上提取特征且进行判断。R-CNN 是深度学习目标检测算法的开山之作。R-CNN 算法的流程示意图，如图 3-4-2 所示：

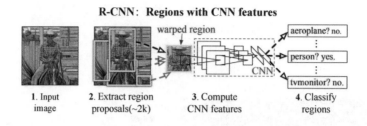

图 3-4-2　R-CNN 算法流程示意图[33]

R-CNN 算法的步骤如下：

（1）输入图像。

（2）提取约 2000 个候选区域，即 RP。

（3）候选区域缩放，利用卷积神经网络提取特征。

（4）将特征图输入每一类的支持向量机进行分类。

（5）最后使用回归器精细修正候选框的位置。

1. 提取候选区域

选择搜索（Selective Search，SS）方法是目前最为熟知的图像边界框提取算法，由 Koen E.A 于 2011 年提出。选择搜索的假设依据是物体存在的区域之间应该有相似性或连续性。首先使用分割手段，将图像分割成小区域，然后计算每两个相邻区域的相似度，并合并可能性最高的两个区域。其中，颜色直方图相近的、梯度直方图相近的（即纹理）、合并后总面积小的，以及在其边界框所占比例大的区域优先合并。因此，在合并过程中，操作的尺度较为均匀，这会避免大区域陆续合并其他小区域，并且保证合并后的形状规则。如此重复，直到将整张图像合并成一个区域位置，最终所有曾经存在过的区域都是候选区域。依据生成顺序对每个小图像块添加权重，此权重再乘一个随机数，依此对所有图像块排序。在此方法下，在所有颜色通道中，同时使用上述规则的不同组合会进行区域合并。在全部合并结果去除重复后，按需选取候选区域进行输出。

R-CNN 就是利用选择搜索方法生成候选区域的，一张图像可生成 2000～3000 个候选区域。

2. 候选区域缩放

下面将候选区域进行固定尺寸的缩放，以满足卷积神经网络对输入图像的大小限制。

缩放的方法可以是长宽放缩倍数相同的各向同性缩放，即把候选区域的边界扩展成正方形，缺失尺寸的灰色部分直接填补原始图片中的相应像素，或缺失尺寸部分完全不填补原始图片内容，而是将固定边界框的像素颜色均值作为缺失值。

在图 3-4-3 中，A 为候选框，B 为填补的各向同性缩放后的候选框，C 为不填补的各向同性缩放后的候选框。

缩放的方法也可以是长宽放缩倍数不同的各向异性缩放，其缩放长宽的比例可以不一致，即直接将候选区域长宽缩放到卷积神经网络需要的尺寸，图 3-4-3 中的 D 为各向异性缩放。

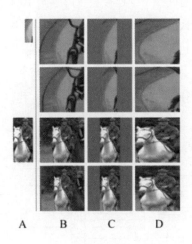

A　　　B　　　C　　　D

图 3-4-3　候选区域的缩放

各向异性缩放，本质上就是将图像每一个像素点的坐标矢量进行变换，即对矢量在 x 方向和 y 方向的坐标值做线性变换。像素坐标$[x, y]$变成像素坐标$[k_x x, k_y y]$的公式如下：

$$\begin{bmatrix} u \\ v \end{bmatrix} = \begin{bmatrix} k_x & 0 \\ 0 & k_y \end{bmatrix} \begin{bmatrix} x \\ y \end{bmatrix}$$

有缺失的新点的矢量映射如下：

$$\begin{bmatrix} k_x & 0 \\ 0 & k_y \end{bmatrix}^{-1} \begin{bmatrix} u \\ v \end{bmatrix} = \begin{bmatrix} x \\ y \end{bmatrix}$$

通过第二个公式，可将新图像中的每一个像素点 $[u,v]$ 与原图像的像素点 $[x,y]$ 对应。此公式为后向映射。

图像缩放方法还可以加入填充处理，即在保持长宽比的基础上进行填充，扩大固定个数的像素值。图 3-4-3 中的第一行图片没有进行填充处理，第二行图片进行填充处理。实验结果显示，在采用各向异性缩放后，填充的缩放处理的精度最高。

3. 用卷积神经网络提取特征

提取特征的卷积神经网络可以借鉴 Hinton 发表于 2012 年的 AlexNet，此网络提取的特征图为 4096 维，通过一个全连接层可降维至 1000 维。首先利用卷积神经网络 Alexnet 直接对预训练数据集进行图像分类。同时，在 AlexNet 中对全连接层之前的层微调，对全连接层进行更换，然后将其用于对测试数据集候选区域的分类（20 个类别加 1 个背景类别）。如果 IOU > 0.5，则说明两个对象重叠的位置比较多，故认为这个候选区域是此类别，否则就是背景。最后，利用全连接层前的 AlexNet 卷积层提取特征。AlexNet 卷积神经网络的结构如图 3-4-4 所示。

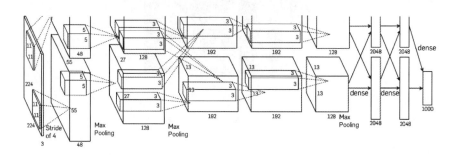

图 3-4-4　提取特征的卷积神经网络[34]

4. 用支持向量机进行分类

R-CNN 算法最终并不是通过卷积神经网络框架中的 SoftMax 进行分类，而是通过训练二分类支持向量机模型对特征进行分类。当训练支持向量机时，将正样本定义为真实边界框，负样本定义为与真实边界框的 IOU < 0.3 的候选区域，而 0.3 < IOU < 0.7 的样本可以忽略。因为卷积神经网络为了扩大正样本的样本量，定

义比较宽松，所以结果不会准确，因而将支持向量机用于最终分类任务。由于负样本的数量过多，因此使用难分样本挖掘（Hard Negative Mining）策略。首先用初始的正样本和与正样本同规模的负样本的一个子集训练支持向量机，然后用 SVM 对样本进行分类，把其中错误分类样本中的困难样本放入负样本集合，再继续训练分类器，直到达到性能不再提升为止。

对分好类的边界框使用非极大值抑制（Non-Maximum Suppression，NMS）。非极大值抑制是局部最大值的搜索算法，是许多计算机视觉算法的标配。针对候选框数量大，且相互之间可能会有重叠的情况，使用非极大值抑制算法可以过滤多余的候选框。

首先根据概率从大到小对候选区域排列，选中最大的候选区域，计算其与剩余候选区域的 IOU，舍弃 IOU 超过某个阈值的候选区域，选中最大的候选区域并标记为保留候选框，且从候选区域集合中舍弃。然后从剩下的候选区域集合中选择概率最大的，重复上述步骤，直到候选区域集合为空集，此时保留候选框的数量大大减少，目标分类任务完成。

5. 使用回归器精细修正候选框位置

由于目标检测最终的指标是 IOU，因此就要求候选框的定位足够准确，故下一步要进行边界框回归（Bounding Box Regression）。对每一类目标使用一个线性回归器进行精修，输入为 4096 维的特征图，输出为边界框的缩放和平移。边界框回归认为候选框和真实边界框之间近似是线性关系，第 i 个候选区域的中心点坐标及宽度和高度为 $P^i = \left(P_x^i, P_y^i, P_w^i, P_h^i \right)$，真实边界框为 $G = \left(G_x, G_y, G_w, G_h \right)$，线性变换的参数为 $d_x(P), d_y(P), d_w(P)$ 和 $d_h(P)$。最终，再利用学习得到的线性变换的参数实现边界框的精确定位。

初始值对候选区域的线性变换如下：

$$\hat{G}_x = P_w d_x(P) + P_x$$
$$\hat{G}_y = P_h d_y(P) + P_y$$
$$\hat{G}_w = P_w \exp\left(d_w(P) \right)$$
$$\hat{G}_h = P_h \exp\left(d_h(P) \right)$$

假设任意一个线性变换的参数是特征 $\phi(P)$ 的一个线性映射，公式如下：

$$d_*(P) = \boldsymbol{w}_*^{\mathrm{T}} \phi(P)$$

$\boldsymbol{w}_*$ 是求解目标，损失函数使用带有 L2 范数的最小均方误差；t_*^i 是优化问题的目标值。

$$\boldsymbol{w}_* = \underset{\hat{\boldsymbol{w}}_*}{\operatorname{argmin}} \sum_i^N \left(t_*^i - \hat{\boldsymbol{w}}_*^{\mathrm{T}} \phi_5(P^i) \right)^2 + \lambda \hat{\boldsymbol{w}}_*^2$$

$$t_x = (G_x - P_x)/P_w$$

$$t_y = (G_y - P_y)/P_h$$

$$t_w = \log(G_w/P_w)$$

$$t_h = \log(G_h/P_h)$$

采用反向传播算法即可对边界框回归进行求解，至此，目标边界框定位回归任务结束。

4.3 Fast R-CNN 算法

虽然 R-CNN 开创性地引入深度学习来提取特征，但是需要做 2000 次卷积神经网络，其中候选框大量重复，计算速度很慢且大量特征冗余，目标分类和定位回归的特征存储需要占用大量的内存。为了解决以上问题，构思精巧、流程紧凑的 Fast R-CNN 应运而生，其大幅度提升了目标检测的速度和准确率。Fast R-CNN 的训练结构，如图 3-4-5 所示。

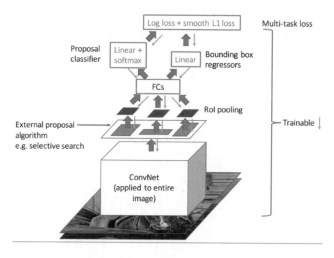

图 3-4-5   Fast R-CNN 网络训练结构[35]

Fast R-CNN 算法的重要创新点及算法核心如下：

- 将一张图像归一化后直接输入卷积神经网络，接着直接提取这幅图像上候选区域的特征，候选区域的特征不需要重复计算。

- 感兴趣区域池化（Region of Interest pooling，RoI pooling）生成固定尺寸特征，代替 R-CNN 算法中的区域图像缩放。

- 利用深度神经网络的全连接神经网络，设计分类和回归同步的多任务损失（Multi-task loss），同步完成整个算法的目标分类和定位回归任务。

感兴趣区域池化在生成 $M \times N$ 特征时，先将特征图在水平和竖直方向上分别分为 M 块和 N 块，整个分为 $M \times N$ 块。然后每一块取最大值，做最大池化运算，输出 $M \times N$ 块的特征，尺寸固定。感兴趣区域池化层位于深度神经网络卷积层的后面，全连接层的前面。最后将候选区域按比例截取的大小不一的特征图转换为大小统一的特征数据，送入全连接层，解决候选区域缩放的问题。感兴趣区域池化不需要对输入图片进行裁剪与缩放，避免了像素的损失，巧妙避免了尺度不一的问题。

感兴趣区域池化层的方向传播如图 3-4-6 所示，大的绿色框和大的橙色框都是候选区域在特征图上的特征区域框，$M \times N$ 为 2×2。反向传播公式为

$$\frac{\partial L}{\partial x_i} = \sum_r \sum_j \left[i = i^* (r,j) \right] \frac{\partial L}{\partial y_{rj}}$$

其中，当 $\left[i = i^* (r,j) \right] = 1$ 时，表示节点被候选区域 r 的第 j 个节点选为最大值输出；当 $\left[i = i^* (r,j) \right] = 0$ 时，表示节点未被候选区域 r 的第 j 个节点选为最大值输出。

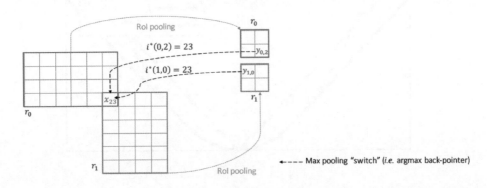

图 3-4-6　感兴趣区域池化的反向传播[35]

多任务损失函数是将分类的损失函数和回归的损失函数整合在一起，下面第一个公式分类的损失函数为对数损失函数，即对真实分类的概率取对数的负数；第二个公式回归的损失函数和 R-CNN 的基本一样。

$$L_{cls}(p, u) = -\log p_u$$

$$L_{loc}(t^u, v) = \sum_{i \in \{x, y, w, h\}} L_1^{smooth}(t_i^u - v_i)$$

其中，

$$L_1^{smooth}(x) = \begin{cases} 0.5x^2, & |x| < 1 \\ |x| - 0.5, & 其他 \end{cases}$$

类别为 u 的真实框的位置为 L_{loc} 中的 $v = v_x, v_y, v_w, v_h$，类别为 u 的预测框的位置为 $t^u = (t_x^u, t_y^u, t_w^u, t_h^u)$。

多任务损失函数最终的形式为

$$L(p, u, t^u, v) = L_{cls}(p, u) + \lambda [u \geq 1] L_{loc}(t^u, v)$$

当 $u \geq 1$ 时，$[u \geq 1]$ 为 1，表示类别存在，反之背景的情况为 0，即不需要做定位回归。在上述公式中，$\lambda = 1$，因为 L_1 损失比 L_2 损失对噪声更不敏感，所以使用 L_1 损失。为了防止有折点，不光滑的 L_1 损失可能会导致不可导的情况出现，故使用光滑的 L_1^{smooth} 损失。三种损失函数的曲线，如图 3-4-7 所示。

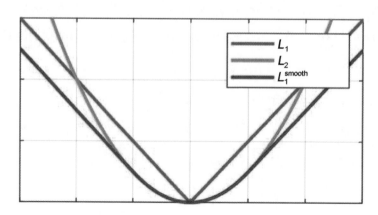

图 3-4-7　三种损失函数

Fast R-CNN 算法的步骤：首先使用选择搜索选取 2000 个候选区域，然后将原始图片输入卷积神经网络获取特征图，在卷积神经网络最后一个池化层之前的卷积层输出特征图，在特征图中对每个候选区域按照比例寻找对应的位置，并截取同样深度（通道）的特征框，再将每个特征框划分为 $M{\times}N$ 个小网格，在每个网格内进行最大池化。这时，特征就被转换为固定尺寸的 $M{\times}N{\times}C$ 矩阵，其中 C 为深度。将矩阵拉长（flatten）为向量，作为全连接层的输入。神经网络的输出结果分为分类器和边框回归。分类器是 SoftMax 的每一类的概率输出，边框回归输出一个 20 行 (x, y, w, h) 的矩阵，20 为目标检测的 20 个类，并分别对 20 个类计算边界框的位置和大小。最终输出对应的分类和边框坐标。

Fast R-CNN 的整体结构，如图 3-4-8 所示。

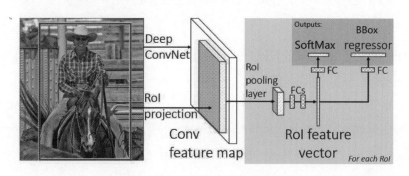

图 3-4-8　Fast R-CNN 网络结构[35]

Fast R-CNN 算法内部采用 VGG16 卷积神经网络，先对输出的得分矩阵使用非极大值抑制方法选出每个类别的少数框，然后选择每一个框概率最大的类作为类别，位置和大小由网络结构的第二个输出给定。

在训练过程中，根据真实边界框标注所有候选区域的类别。针对每一个类别的真实边界框，IOU > 0.5 的候选区域为真实边界框的类别，0.1 < IOU < 0.5 的候选区域为背景类别。在每张图片中随机选取 64 个候选区域，保证背景类的候选区域占 75%，并提取特征框。我们采取了小批量梯度下降的方式，每次使用 2 张图片的 128 张候选框（每张图片取 64 个候选框）来更新参数。

在目标检测任务中，由于 Fast R-CNN 在感兴趣区域池化后全连接层的计算占深度神经网络计算量的一半，因此通过 SVD 奇异值的分解来简化全连接层可以加速计算，实现对训练模型全连接层权重矩阵的压缩。在实现时，需要把一个全连接层拆分为两个：第一个不含偏置 Uz，第二个含偏置 $\sum V^{\mathrm{T}}x$。此外，有关算法的实验也表明增大数据集对算法效果的提升极为明显。

$$y = Wx = Ux\sum V^{\mathrm{T}}$$

4.4　Faster R-CNN 算法

在提取候选区域时，Fast R-CNN 使用选择搜索算法，计算复杂度很高，浪费了大量时间。而 Faster R-CNN 由此出发，设计了以全卷积网络为基础的 RPN（Region Proposal Network，区域候选生成网络），且其与目标检测的卷积神经网络共享，这使得目标检测的四个基本步骤（候选区域生成，特征提取，分类，位置精修）统一为一个端到端的神经网络，速度大大提高。Faster R-CNN 可以被视为区域生成网络 +Fast R-CNN 的综合系统。

RPN 提出了 Anchor 的设计，其为特征图的一个点上由大小和尺寸固定的不同组合形状的候选框。Anchor 的三种尺寸，即面积范围是小（蓝 128^2）、中（红 256^2）和大（绿 512^2），三种长宽比例是 1∶1，1∶2，2∶1，它们组合成 9 种 Anchor。利用 9 种 Anchor 在特征图上的移动，使每一个特征图上的点都有 9 个 Anchor，这样可以实现对一张图片生成 20 000 个左右的 Anchor。如图 3-4-9 所示。

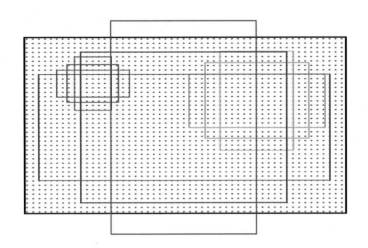

图 3-4-9　Anchor

Anchor 的本质是特征金字塔算法，适用于多尺度目标检测。由于 9 个 Anchor 在原始图片中的中心点完全一样，因此可以根据 9 个不同长宽比例、不同面积的

Anchor 逆向推导原始图片中的 9 个区域，而这些区域的尺寸及坐标都是已知的，它们就是候选区域。每个候选区域会输出 6 个参数：候选区域和真实边界框比较得到的 2 个分类概率（前景，背景，对应二分类）；候选区域转换为真实边界框需要的 4 个线性变换参数（对应定位回归）。

RPN 的目标：

● 自身训练完成目标检测：完成分类任务和边框定位回归任务。

● 提供候选区域：为后面训练提供需要的 RoIs（Regions of Interest，感兴趣区域）。

其具体步骤：首先每次输入一个特征图，然后使用相同通道且填充成与原特征图同样尺寸的3×3大小的卷积核滑动全图，生成一个同等尺寸维度的特征图，目标是转换特征的语义空间，进一步集中特征信息。

之后连接两个不同的分支，分别用作二分类（rpn_cls）和目标定位回归（rpn_BBox），左分支是改变特征维度的 18 个1×1卷积，其卷积神经网络针对每个点对应的 9 个 Anchor 实现二分类概率预测的目标，右分支是改变特征维度的 36 个1×1卷积，其卷积神经网络针对每个点对应的 9 个 Anchor 实现 4 个坐标值的边界框回归任务，如图 3-4-10 所示。

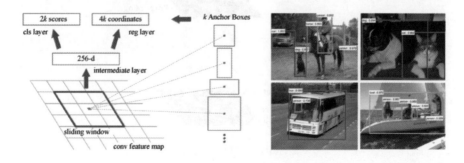

图 3-4-10 RPN 网络[36]

当逐像素对 Anchors 进行分类时，去除超过原始图边界的 Anchor Box，如果 Anchor Box 与 Ground Truth 的 IOU 值最大或 IOU>0.7，则将它们都标记为正样本，即 Label=1。如果 IOU<0.3，则标记为负样本，即 Label=0。剩下的 Anchor Box，不被用于训练，即 Label=-1。

当逐像素对 Anchors 进行边界框回归定位时，首先计算 Anchor Box 与 Ground Truth 之间的偏移量，然后通过 Ground Truth Box 与预测的 Anchor Box 的差异进行学习，更新 RPN 中的权重，以达到完成预测边界框定位回归的任务。

以上为 RPN 自身的训练过程。

RPN 除了自身训练，还会提供 RoIs 给 Fast R-CNN 中的 RoI Head 作为训练样本。

RPN 生成 RoIs 的步骤：针对每张图片的特征图，计算所有 Anchor 属于目标的概率，以及对应的位置参数。选取概率较大的部分 Anchor，利用回归的位置参数修正这些 Anchor 的位置，得到 RoIs，然后利用非极大值抑制从 RoIs 中选出概率最大的区域。这部分的算法不需要反向传播，直接输出筛选后的 RoIs 即可。最后使用感兴趣区域池化将不同尺寸的区域全部池化到同一个尺度，再输入全连接神经网络来实现最后的分类和定位回归。

> 说明：此阶段是 21 类别分类（20 个目标种类加 1 个背景），与 RPN 网络的二分类不同。

RPN 步骤的示意图，如图 3-4-11 所示。

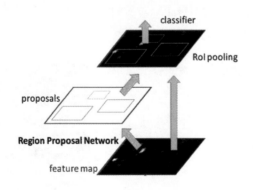

图 3-4-11　RPN 网络图示[35]

Faster R-CNN 的流程如下：

（1）输入数据集。

（2）利用卷积层 CNN 等基础网络，提取特征得到特征图。

（3）RPN 按固定尺寸和面积生成 9 个 Anchors，故在图片中生成大量的 Anchor Box。

（4）利用1×1卷积对每个 Anchor 做二分类和初步定位回归，输出比较精确的 RoIs。

（5）把 RoIs 映射到卷积神经网络生成的特征图上。

（6）把经过卷积层的特征图用感兴趣区域池化生成固定尺寸的特征图。

（7）进行边界框回归和分类。利用 SoftMax Loss 和 Smooth L1 Loss 对分类概率和定位回归进行联合训练。

Faster R-CNN 算法测试效果，如图 3-4-12 所示。

图 3-4-12　Faster R-CNN 算法测试效果[36]

Faster R-CNN 算法存在 RPN 分类损失、RPN 定位回归损失、RoI 分类损失和 RoI 定位回归损失共四个损失，将它们相加可作为最后的损失，再进行反向传播，可更新权重参数。损失函数的设计如下：

$$L\left(\{p_i\},\{t_i\}\right) = \frac{1}{N_{\text{cls}}} \sum_i L_{\text{cls}}\left(p_i, p_i^*\right) + \lambda \frac{1}{N_{\text{reg?}}} \sum_i p_i^* L_{\text{reg}}\left(t_i, t_i^*\right)$$

Faster R-CNN 算法的图示，如图 3-4-13 所示。

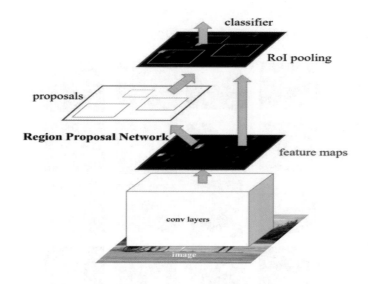

图 3-4-13　Faster R-CNN 算法图示[36]

4.5　目标检测 Faster R-CNN 算法实战

1. TorchVision 实验预训练模型 Faster R-CNN

首先导入相应的包：

```
import torch
import torchvision
```

在 TorchVision 模块的 detection 中，预训练整个 Faster R-CNN 模型，其调用方式非常简单。目前，PyTorch 官方提供的是 ResNet50+rpn 版本。在 COCO 数据集上训练，调用该模型的方式如下：

```
# 创建模型，设置参数 pretrained=True 将下载官方提供的预训练模型
model =
```

```
torchvision.models.detection.fasterrcnn_resnet50_fpn(pretrained=Tr
ue)
model.eval()
x = [torch.rand(3, 300, 400), torch.rand(3, 500, 400)]
predictions = model(x)
```

> 说明：网络的输入 x 是一个由 Tensor 构成的 list，而输出 prediction 则是一个由 dict 构成的 list。prediction 的长度和输入 list 中的 Tensor 个数相同。prediction 中的每个 dict 都包含输出的结果，其中 boxes 是检测框坐标，labels 是类别，scores 是置信度。

```
predictions[0]
```

2. Faster R-CNN 模型实现目标检测并可视化

加载 Faster R-CNN 模型：

```
net =
torchvision.models.detection.fasterrcnn_resnet50_fpn(pretrained=Tr
ue)
#print(net)
```

用 PIL 库读取任意一张上传至天池平台的图片（竞赛图片即可），并命名为 test.jpg。

```
from PIL import Image
img = Image.open("test.jpg")
img
```

利用图片转换函数对图片进行预处理：

```
from torchvision import transforms
transform = transforms.Compose([
 transforms.Resize(256),
 transforms.CenterCrop(224),
 transforms.ToTensor(),
 transforms.Normalize(
 mean=[0.485, 0.456, 0.406],
 std=[0.229, 0.224, 0.225]
 )])

img_t = transform(img)
batch_t = torch.unsqueeze(img_t, 0)
```

Faster R-CNN 模型输出边界框：

```
net.eval()
out = net(batch_t)
print(out)
```

OpenCV 库处理图像：

```
import cv2
src_img = cv2.imread("test.jpg")
img = cv2.cvtColor(src_img, cv2.COLOR_BGR2RGB)
img_tensor = torch.from_numpy(img/255.).permute(2,0,1).float()
input = []
input.append(img_tensor)
```

Faster R-CNN 测试图片进行目标检测：

```
net.eval()
out2 = net(input)
print(out2)
```

目标检测可视化：

```
import numpy as np
boxes = out2[0]['boxes']
labels = out2[0]['labels']
scores = out2[0]['scores']

boxes = boxes.detach().numpy()
boxes = np.array(boxes, np.uint8)

for idx in range(boxes.shape[0]):
    if scores[idx] >= 0.85:
        x1, y1, x2, y2 = boxes[idx][0], boxes[idx][1], boxes[idx][2],
                        boxes[idx][3]

cv2.rectangle(src_img,(x1,y1),(x2,y2),(0,255,0),thickness=2)
        cv2.imshow('result',src_img)
cv2.waitKey()
cv2.destroyAllWindows()
```

3. Faster R-CNN 完成最终竞赛布匹检测任务的核心代码

```python
import math
import sys
import time
import torch

import torchvision.models.detection.mask_rcnn

def train_one_epoch(model, optimizer, data_loader, device, epoch,
print_freq):
    model.train()
    metric_logger = MetricLogger(delimiter="  ")
    metric_logger.add_meter('lr', SmoothedValue(window_size=1,
fmt='{value:.6f}'))
    header = 'Epoch: [{}]'.format(epoch)

    lr_scheduler = None
    if epoch == 0:
        warmup_factor = 1. / 1000
        warmup_iters = min(1000, len(data_loader) - 1)

        lr_scheduler = warmup_lr_scheduler(optimizer, warmup_iters,
warmup_factor)

    for images, targets in metric_logger.log_every(data_loader,
print_freq, header):
        images = list(image.to(device) for image in images)
        targets = [{k: v.to(device) for k, v in t.items()} for t in targets]
        loss_dict = model(images, targets)

        losses = sum(loss for loss in loss_dict.values())

        # reduce losses over all GPUs for logging purposes
        loss_dict_reduced = reduce_dict(loss_dict)
        losses_reduced = sum(loss for loss in
loss_dict_reduced.values())

        loss_value = losses_reduced.item()
```

```
        if not math.isfinite(loss_value):
            print("Loss is {}, stopping training".format(loss_value))
            print(loss_dict_reduced)
            sys.exit(1)

        optimizer.zero_grad()
        losses.backward()
        optimizer.step()

        if lr_scheduler is not None:
            lr_scheduler.step()

        metric_logger.update(loss=losses_reduced,
**loss_dict_reduced)
        metric_logger.update(lr=optimizer.param_groups[0]["lr"])


def _get_iou_types(model):
    model_without_ddp = model
    if isinstance(model, torch.nn.parallel.DistributedDataParallel):
        model_without_ddp = model.module
    iou_types = ["bbox"]
    if isinstance(model_without_ddp,
torchvision.models.detection.MaskRCNN):
        iou_types.append("segm")
    if isinstance(model_without_ddp,
torchvision.models.detection.KeypointRCNN):
        iou_types.append("keypoints")
    return iou_types


@torch.no_grad()
def evaluate(model, data_loader, device):
    n_threads = torch.get_num_threads()
    # FIXME remove this and make paste_masks_in_image run on the GPU
    torch.set_num_threads(1)
    cpu_device = torch.device("cpu")
    model.eval()
    metric_logger = MetricLogger(delimiter="  ")
```

```
    header = 'Test:'

    coco = get_coco_api_from_dataset(data_loader.dataset)
    iou_types = _get_iou_types(model)
    coco_evaluator = CocoEvaluator(coco, iou_types)

    for image, targets in metric_logger.log_every(data_loader, 100,
header):
        image = list(img.to(device) for img in image)
        targets = [{k: v.to(device) for k, v in t.items()} for t in targets]

        torch.cuda.synchronize()
        model_time = time.time()
        outputs = model(image)

        outputs = [{k: v.to(cpu_device) for k, v in t.items()} for t
in outputs]
        model_time = time.time() - model_time

        res = {target["image_id"].item(): output for target, output in
zip(targets, outputs)}
        evaluator_time = time.time()
        coco_evaluator.update(res)
        evaluator_time = time.time() - evaluator_time
        metric_logger.update(model_time=model_time,
evaluator_time=evaluator_time)

    # gather the stats from all processes
    metric_logger.synchronize_between_processes()
    print("Averaged stats:", metric_logger)
    coco_evaluator.synchronize_between_processes()

    # accumulate predictions from all images
    coco_evaluator.accumulate()
    coco_evaluator.summarize()
    torch.set_num_threads(n_threads)
    return coco_evaluator
import os
import time
import datetime
```

```python
import torch
import torchvision
import torchvision.models.detection

print("torch.__version__:{}".format(torch.__version__))
print("torchvision.__version__:{}".format(torchvision.__version__))
'''数据扩增'''
def get_transform(train):
    transforms = []
    transforms.append(ToTensor())
    if train:
        transforms.append(RandomHorizontalFlip(0.5))
    return Compose(transforms)
'''设置数据集，图片存储路径和标注文件路径'''
def get_dataset(name, image_set, transform, data_path):
    paths = {
        "coco": (data_path, get_coco, 21),
    }
    DATA_DIR,_,num_classes=paths[name]
    '''
    DATA_DIR:图片、标注存储根目录
    coco_fabric_dataset：布匹数据、标注具体存储位置
    '''
    coco_fabric_dataset={
        "img_dir": "coco_fabric/images/train",
        "ann_file": "coco_fabric/annotations/instances_train.json"
    }
    datesets
=get_coco(DATA_DIR,image_set=image_set,data_set=coco_fabric_datase
t, transforms=transform)

    return datesets, num_classes
def main():
    '''此处设置布匹图片及标注存储位置'''
    dataset, num_classes = get_dataset('coco', "train",
get_transform(train=True), '/workdir/data/coco_dataset/')

    train_sampler = torch.utils.data.RandomSampler(dataset)
    train_batch_sampler = torch.utils.data.BatchSampler(
        train_sampler, 3, drop_last=True)

    data_loader = torch.utils.data.DataLoader(
```

```
        dataset, batch_sampler=train_batch_sampler, num_workers=4,
        collate_fn=utils.collate_fn)

    print("Creating model")
    model =
torchvision.models.detection.__dict__['fasterrcnn_resnet50_fpn'](n
um_classes=num_classes,
                            pretrained="pretrained",
                            )
    print(model)

    device = torch.device('cuda')
    model.to(device)

    '''optimizer&&lr_scheduler'''
    params = [p for p in model.parameters() if p.requires_grad]
    optimizer = torch.optim.SGD(
        params, lr=0.01, momentum=0.9, weight_decay=1e-4)

    lr_scheduler = torch.optim.lr_scheduler.MultiStepLR(optimizer,
milestones=[8, 11], gamma=0.1)

    #TO DO:resume &distributed

    print("Start training")
    start_time = time.time()
    for epoch in range(13):
        train_one_epoch(model, optimizer, data_loader, device, epoch, 20)
        lr_scheduler.step()
        if 'outputs/fasterrcnn_fpn_50':
            utils.save_on_master({
                'model': model.state_dict(),
                'optimizer': optimizer.state_dict(),
                'lr_scheduler': lr_scheduler.state_dict()},
                os.path.join('outputs/fasterrcnn_fpn_50',
'model_{}.pth'.format(epoch)))

    total_time = time.time() - start_time
    total_time_str = str(datetime.timedelta(seconds=int(total_time)))
    print('Training time {}'.format(total_time_str))

main()
```

5 实例分割 Mask R-CNN 算法

5.1 实例分割

实例分割在像素层面能够识别目标轮廓，兼具语义分割和目标检测的特点，是极具挑战性的计算机视觉任务。

实例分割的图示，如图 3-5-1 所示。

图 3-5-1 实例分割[32]

5.2 Mask R-CNN 算法

Mask R-CNN 算法是在 Faster R-CNN 算法的扩展中，加入预测分割 mask 分支，即在有效检测目标的同时输出高质量的实例分割 mask。

Mask R-CNN 的结构，如图 3-5-2 所示。

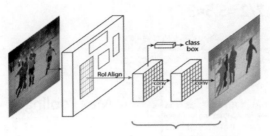

图 3-5-2 Mask R-CNN 结构[32]

其与 Faster R-CNN 的不同之处在于:

- 用 RoI Align 代替了感兴趣区域池化。

- 在每一个 RoI 上的小全连接神经层加入一个应用,实现在像素级别上预测分割 mask。

感兴趣区域池化首先是将候选框边界量化为整数点坐标值,然后将量化后的边界区域平均分割成 $k×k$ 个单元,再取整量化每一个单元的边界,但是这两次量化造成的区域不匹配(mis-alignment)的问题,会让实例分割有较大的重叠,如图 3-5-3 和 3-5-4 所示,而 RoI Align 的提出解决了此问题。

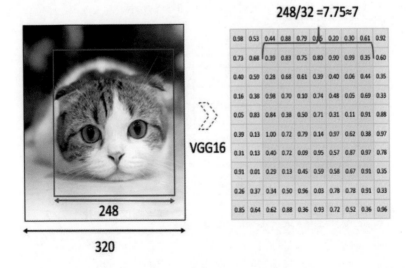

图 3-5-3 感兴趣区域池化第一次取整量化

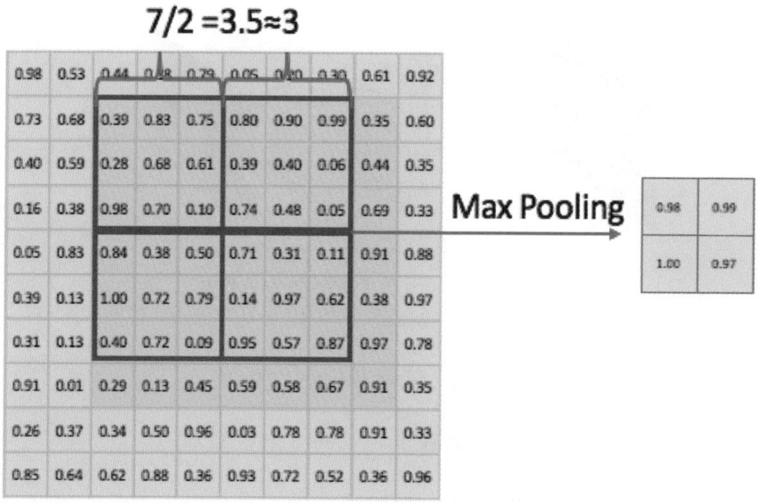

$$7/2 = 3.5 ≈ 3$$

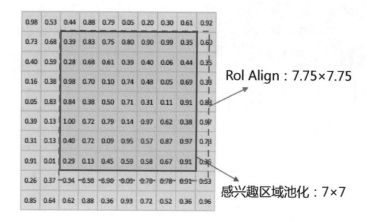

图 3-5-4　感兴趣区域池化第二次取整量化

RoI Align 取消了取整量化操作，使用双线性内插值的方法来获得坐标为浮点数的像素点上的数值，并将整个特征聚集过程转换为一个连续的操作。

其步骤为遍历每一个候选区域，浮点数边界不取整量化；将候选区域分成 $k×k$ 个区域，边界单元不取整量化；在单元中固定四个坐标位置，使用双线性内插值的方法计算四个位置的值，最后进行最大池化。

RoI Align 与感兴趣区域池化对比，如图 3-5-5 所示。

图 3-5-5　RoI Align 与感兴趣区域池化对比

切割后的每个中心点像素值为特征图中心点的相邻值的双线性内插值，这种操作方式大幅度提升了最后实例分割的精度。

RoI Align 中心点计算如下：

$$f(x,y) \approx \frac{f(Q_{11})}{(x_2-x_1)(y_2-y_1)}(x_2-x)(y_2-y) + \frac{f(Q_{21})}{(x_2-x_1)(y_2-y_1)}(x-x_1)(y_2-y)$$

$$+ \frac{f(Q_{12})}{(x_2-x_1)(y_2-y_1)}(x_2-x)(y-y_1) + \frac{f(Q_{22})}{(x_2-x_1)(y_2-y_1)}(x-x_1)(y-y_1)$$

RoI Align 中心点计算如图 3-5-6 所示。

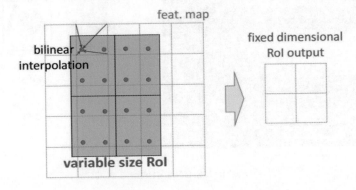

图 3-5-6　RoI Align 中心点计算[32]

Faster R-CNN 为每个区域的候选对象 RoI 提供两个输出：一个为类标签，另一个为边界框偏移量。为此，Mask R-CNN 在 Faster R-CNN 分类标签和边界框线性变换量输出的基础上，并行添加了第三个分割 mask 的分支，即在每一个 RoI 的小卷积神经层上加入一个应用，实现在像素级别上预测分割 mask。

mask 分支是一个卷积网络，取 RoI 分类器选择的正区域为输入，并生成每一个目标的 mask。最终的卷积神经网络输出一个 K 层的 mask，每一层代表一个类别，并用 0.5 作为阈值进行二值化，产生背景和前景的分割。对每一个像素先应用 Sigmoid 函数，然后取 RoI 上所有像素交叉熵的平均值作为 L_{mask}。

Mask R-CNN 算法的步骤如下：

（1）输入一幅待处理图片，并进行预处理操作。

（2）将其输入一个预训练卷积神经网络中，获得特征图。

（3）获得多个候选 RoI；将 RoI 输入 RPN 网络进行二分类（目标或背景）和边界定位回归，过滤掉大部分候选 RoI。

（4）对 RoI 进行 ROI Align 操作。

（5）RoI 进行分类（N+1 类别分类），精确定位回归和 mask 生成，mask 的生成是在每一个 RoI 里面输入全连接神经网络完成的。

Mask R-CNN 测试图片的效果，如图 3-5-7 所示。

 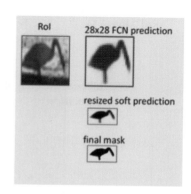

图 3-5-7　Mask R-CNN 测试图片效果[32]

Mask R-CNN 的损失函数如下：

$$L = L_{cls} + L_{box} + L_{mask}$$

其中，L_{cls} 和 L_{box} 与 Faster R-CNN 中的一样，L_{mask} 为实例分割损失。如果有 K 个类别，则 mask 分割网络分支的输出维度是 $K \times m \times m$，即输出 K 个平均二值化交叉熵损失函数的输出。损失函数为对每个像素进行背景和前景的分割 mask 的二值化，并通过分类分支预测的类别来选择相应的 mask 预测，因此，它只计算单一类别的损失。损失函数的这种设计，在全连接神经网络对每个像素进行多类别 SoftMax 分类时，避免了交叉熵损失造成的不同类别间的竞争。

5.3　PyTorch 实现实例分割

下载数据集后查看部分图片及 mask：

```
from PIL import Image
Image.open('PennFudanPed/PNGImages/FudanPed00001.png')
```

```
mask = Image.open('PennFudanPed/PedMasks/FudanPed00001_mask.png')
mask.putpalette([
    0, 0, 0, # black background
    255, 0, 0, # index 1 is red
    255, 255, 0, # index 2 is yellow
    255, 153, 0, # index 3 is orange
])
mask
```

数据集定义：

继承自 PyTorch 中的标准 torch.utils.data.Dataset 类，并实现 len 和 getitem。此任务为实例分割，每个图片对应一个 mask，mask 内的每个颜色对应一个不同的实例。

```
import os
import numpy as np
import torch
import torch.utils.data
from PIL import Image


class PennFudanDataset(torch.utils.data.Dataset):
    def __init__(self, root, transforms=None):
        self.root = root
        self.transforms = transforms
        self.imgs = list(sorted(os.listdir(os.path.join(root,
"PNGImages"))))
        self.masks = list(sorted(os.listdir(os.path.join(root,
"PedMasks"))))

    def __getitem__(self, idx):
        img_path = os.path.join(self.root, "PNGImages", self.imgs[idx])
        mask_path = os.path.join(self.root, "PedMasks",
self.masks[idx])
        img = Image.open(img_path).convert("RGB")
        mask = Image.open(mask_path)

        mask = np.array(mask)
        obj_ids = np.unique(mask)
```

```
    obj_ids = obj_ids[1:]

    masks = mask == obj_ids[:, None, None]

    num_objs = len(obj_ids)
    boxes = []
    for i in range(num_objs):
        pos = np.where(masks[i])
        xmin = np.min(pos[1])
        xmax = np.max(pos[1])
        ymin = np.min(pos[0])
        ymax = np.max(pos[0])
        boxes.append([xmin, ymin, xmax, ymax])

    boxes = torch.as_tensor(boxes, dtype=torch.float32)
    labels = torch.ones((num_objs,), dtype=torch.int64)
    masks = torch.as_tensor(masks, dtype=torch.uint8)

    image_id = torch.tensor([idx])
    area = (boxes[:, 3] - boxes[:, 1]) * (boxes[:, 2] - boxes[:, 0])
    iscrowd = torch.zeros((num_objs,), dtype=torch.int64)

    target = {}
    target["boxes"] = boxes
    target["labels"] = labels
    target["masks"] = masks
    target["image_id"] = image_id
    target["area"] = area
    target["iscrowd"] = iscrowd

    if self.transforms is not None:
        img, target = self.transforms(img, target)

    return img, target

def __len__(self):
    return len(self.imgs)
```

查看数据及边界标注：

```
dataset = PennFudanDataset('PennFudanPed/')
dataset[0]
```

有以下两种针对预训练模型修改的方式。

1. 微调特定类

```
import torchvision
from torchvision.models.detection.faster_rcnn import
FastRCNNPredictor

model =
torchvision.models.detection.fasterrcnn_resnet50_fpn(pretrained=Tr
ue)
num_classes = 2
in_features = model.roi_heads.box_predictor.cls_score.in_features
model.roi_heads.box_predictor = FastRCNNPredictor(in_features,
num_classes)
```

2. 通过修改模型添加其他内容定义新模型

```
import torchvision
from torchvision.models.detection import FasterRCNN
from torchvision.models.detection.rpn import AnchorGenerator

backbone =
torchvision.models.mobilenet_v2(pretrained=True).features
backbone.out_channels = 1280

anchor_generator = AnchorGenerator(sizes=((32, 64, 128, 256, 512),),
                        aspect_ratios=((0.5, 1.0, 2.0),))

roi_pooler = torchvision.ops.MultiScaleRoIAlign(featmap_names=[0],
                             output_size=7,
                             sampling_ratio=2)

model = FasterRCNN(backbone,
            num_classes=2,
            rpn_anchor_generator=anchor_generator,
            box_roi_pool=roi_pooler)
```

微调模型定义 Mask R-CNN 模型：

```
import torchvision
from torchvision.models.detection.faster_rcnn import
FastRCNNPredictor
from torchvision.models.detection.mask_rcnn import MaskRCNNPredictor


def get_instance_segmentation_model(num_classes):
    model =
torchvision.models.detection.maskrcnn_resnet50_fpn(pretrained=True)

    in_features =
model.roi_heads.box_predictor.cls_score.in_features
    model.roi_heads.box_predictor = FastRCNNPredictor(in_features,
num_classes)
    in_features_mask =
model.roi_heads.mask_predictor.conv5_mask.in_channels
    hidden_layer = 256
    model.roi_heads.mask_predictor =
MaskRCNNPredictor(in_features_mask,
                                       hidden_layer,
                                       num_classes)

    return model
```

下载并调整部分文件位置：

```
!git clone https://github.com/pytorch/vision.git
!cd vision
!git checkout v0.3.0

!cp references/detection/utils.py ../
!cp references/detection/transforms.py ../
!cp references/detection/coco_eval.py ../
!cp references/detection/engine.py ../
!cp references/detection/coco_utils.py ../
```

数据预处理代码：

```
from engine import train_one_epoch, evaluate
import utils
```

```python
import transforms as T


def get_transform(train):
    transforms = []
    # converts the image, a PIL image, into a PyTorch Tensor
    transforms.append(T.ToTensor())
    if train:
        # during training, randomly flip the training images
        # and ground-truth for data augmentation
        transforms.append(T.RandomHorizontalFlip(0.5))
    return T.Compose(transforms)
```

数据集转换并切分成训练集和测试集：

```python
dataset = PennFudanDataset('PennFudanPed', get_transform(train=True))
dataset_test = PennFudanDataset('PennFudanPed',
get_transform(train=False))


torch.manual_seed(1)
indices = torch.randperm(len(dataset)).tolist()
dataset = torch.utils.data.Subset(dataset, indices[:-50])
dataset_test = torch.utils.data.Subset(dataset_test, indices[-50:])


data_loader = torch.utils.data.DataLoader(
    dataset, batch_size=2, shuffle=True, num_workers=4,
    collate_fn=utils.collate_fn)

data_loader_test = torch.utils.data.DataLoader(
    dataset_test, batch_size=1, shuffle=False, num_workers=4,
    collate_fn=utils.collate_fn)
```

训练模型与测试模型代码：

```python
device = torch.device('cuda') if torch.cuda.is_available() else
torch.device('cpu')

num_classes = 2
model = get_instance_segmentation_model(num_classes)
```

```
model.to(device)

params = [p for p in model.parameters() if p.requires_grad]
optimizer = torch.optim.SGD(params, lr=0.005,
                            momentum=0.9, weight_decay=0.0005)

lr_scheduler = torch.optim.lr_scheduler.StepLR(optimizer,
                                               step_size=3,
                                               gamma=0.1)
num_epochs = 10

for epoch in range(num_epochs):
    train_one_epoch(model, optimizer, data_loader, device, epoch,
print_freq=10)
    lr_scheduler.step()
    evaluate(model, data_loader_test, device=device)
img, _ = dataset_test[0]
model.eval()
with torch.no_grad():
    prediction = model([img.to(device)])
```

结果可视化：

```
prediction
Image.fromarray(img.mul(255).permute(1, 2, 0).byte().numpy())
Image.fromarray(prediction[0]['masks'][0,
0].mul(255).byte().cpu().numpy())
```

6 赛题最优算法与提升思路

6.1 级联区域卷积神经网络

级联区域卷积神经网络（Cascade R-CNN）是 CVPR 2018 的论文，是对 IOU 阈值再思考的结果，其通过级联若干个 R-CNN 系列来检测神经网络，不断优化预测结果。在基于不同 IOU 阈值确定的正负样本上，通过训练 R-CNN 系列来检测网络级联，是该算法的重要思路。将 Cascade R-CNN 的实验应用在 COCO 数据集上，结果表明：对于任意的 R-CNN 算法，Cascade 结构都可以带来最终评价结果的提升。Cascade R-CNN 的目标检测效果，如图 3-6-1 所示。

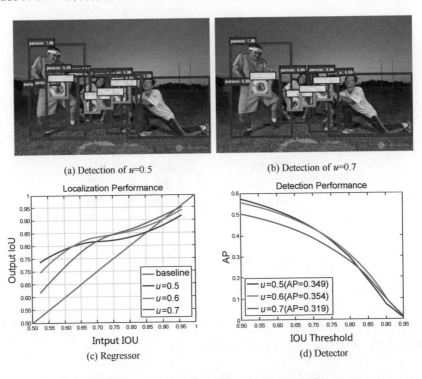

图 3-6-1　Cascade R-CNN 目标检测效果[37]

　　R-CNN 系列算法具有 mismatch 问题的原因是，训练时正样本和负样本判定的 IOU 阈值使输入候选框的质量较高，而测试阶段的输入候选框没有被采样过，质量较差。如果想要提升检测精度，则可以提高 IOU 阈值，这样接受的候选框自然会更精确，产生更高精度边界框的位置。但是这样接受的候选框数量会呈指数下降，导致出现过拟合问题，而且由于提高了 IOU 阈值，因此加深了 mismatch 问题。

　　而 Cascade R-CNN 采用 Muti-stage 级联的结构，每个 stage 都有一个不同的 IOU 阈值，这让每一个 stage 都专注于检测 IOU 在某一范围内的候选框，由于输出 IOU 普遍大于输入 IOU，因此检测效果会越来越好。而级联的结构，不是为了找到困难负样本（hard negatives），而是通过调整边界框给下一阶段找到一个 IOU 更高的正样本来训练。

　　Cascade R-CNN 通过每个级联的 R-CNN 设置不同的 IOU 阈值，这样每个网络输出的准确度都被提升一点，并作为下一个更高精度网络的输入，逐步将网络输出的准确度提升。

　　级联结构与类似算法对比，如图 3-6-2 所示。

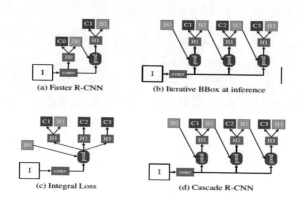

图 3-6-2　级联结构与类似算法对比[37]

在图 3-6-2 中，四种算法的对比如下：

（a）是 Faster-RCNN，因为 Two Stage 类型的目标检测算法基本上都基于 Faster-RCNN，所以这是目标检测的基础算法。

（b）是迭代式的边界框回归，H 层共享，3 个分支的 IOU 阈值为 0.5。

（c）是 Integral Loss，共用池化层，每个 stage 有 3 个不共享的 H 层对应不同的

IOU 阈值；输入分布很不均匀，高阈值候选框的数量很少，容易过拟合；存在较严重的 mismatch 问题，高阈值的检测器需要处理低 IOU 的候选框，效果差。

（d）是 Cascade R-CNN。在 Cascade R-CNN 中，每个阶段的输入边界框都是前一个阶段的边界框输出。

此赛题的整体框架采用了 Cascade R-CNN 算法。

6.2　目标检测赛题提升思路

1. 深层语义信息与浅层特征融合

采用自上而下的卷积神经网络结构在多尺度目标检测中存在一定的缺陷，随着网络层数的增加，感受野增加，对于小目标，其特征逐渐丢失，导致检测性能下降。而将浅层特征与深层语义信息融合，可以实现优势互补，提高对小目标的检测性能。

特征融合通常是先增加特征图的尺寸，然后利用元素的加法、乘法和通道拼接来进行特征融合。特征融合尝尝采用的方法有上采样和反卷积。

对深层信息进行上采样，并与浅层特征逐元素叠加，从而构造出不同尺寸、性能优越的 FPN（Feature Pyramid Networks，特征金字塔网络），其现在已经成为目标检测算法的标准组件。利用 FPN，可以用很小的计算量处理目标检测中的多尺度变化问题。

在构造 Cascade R-CNN 时，在赛题的算法中加入了一个 FPN。算法的步骤如下：

（1）选择需要处理的图片，对图片进行预处理。

（2）将处理后的图像送入预训练 ResNet50 模型，构建自下而上的网络。

（3）在图 3-6-3 的最左侧，对第 4 层进行上采样操作。首先使用 1×1 卷积对第二层降维，然后将二者对应的元素相加，最后执行 3×3 卷积操作，构造相应的自上而下的网络。

（4）对图中的 4、5、6 层进行 RPN 运算，即将 3×3 卷积分为两个分支，分别连接 1×1 卷积进行分类和回归运算。

（5）将上一步得到的候选 RoI 分别输入第 4、5、6 层，进行感兴趣区域池化操作。

（6）在前一步的基础上，连接两个 1024 层全连接网络层，再将整个网络分成两个分支，分别连接相应的分类层和回归层。

FPN 的示意图，如图 3-6-3 所示。

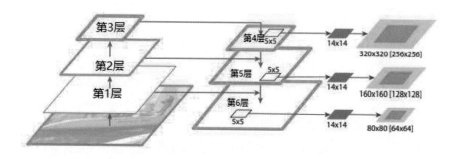

图 3-6-3　FPN 图示[38]

2. 多尺度训练

多比例的思想与数字图像处理中 FPN 的思想一致，即在输入图片缩放的多个尺度下，分别计算特征图并执行目标检测。此方法可以提升检测精度，但需要花费大量计算时间。

而多尺度训练（Multi Scale Training，MST）通常是指设置几种不同的图像输入尺度，在模型训练期间，每次迭代都从多个尺度中随机选择一个尺度，将输入图像按比例缩放到该尺度并输入网络。这在不增加计算量的情况下，提高了网络的鲁棒性，是一种简单有效的改善多尺度目标检测的方法。在模型测试时，可以将测试图片的比例放大，如 4 倍，以此将大量小物体检测变为常规检测。

多尺度训练是一种非常有效的技巧方法。它扩大了小物体的规模，并增加了多尺度物体的多样性，可以直接嵌入目标检测算法中。

3. 优化 Anchor 尺寸

Anchor 的设计对于检测小物体也特别重要。当 Anchor 太大时，即使所有小物体都在锚点内，IOU 值也会因其面积小而变低，导致检测遗漏。

在 Faster R-CNN 的 RPN 阶段，所有 Anchor 都将与真实标签匹配，并根据匹配的 IOU 值获得正样本和负样本。Faster R-CNN 正样本的 IOU 阈值为 0.7，IOU 阈值越大，Anchor 越接近真实标签。在 RPN 中，真实标签的召回率越高，模型的效果越好。

因此，我们可以仅使用训练集的标签和设计的 Anchor 进行匹配测试，用所有训练标签的召回率和正样本的平均 IOU 阈值作为评价指标。为了便于匹配，这里将 Anchor 和标签的中心点放在一起。在匹配时，会利用宽度和高度的信息，不考虑 Anchor 和标签之间的位置偏移。该统计实验需要手工设计，目的是找到一组与标签的宽度和高度分布最一致的 Anchor。

在训练集的标签上，利用聚类的思想构建 Anchor 的形状是另一种优化 Anchor 尺寸的途径。Anchor 没有位置参数，只关注目标的宽度和高度。受 YOLO 算法使用的 Anchor 聚类方法的启发，K-Means 算法通常使用边界框聚类。K 是边界框数量，是一个重要的超参数，这个参数越大，检测精度越高，但同时也会增加计算量。

首先，随机选择 K 个中心点，然后遍历所有数据，并将所有边界框划分到最近的中心点。在每个边界框落入不同的聚类之后，计算每个类的平均值，并将该平均值用作新的中心点。重复上述过程，直到算法收敛为止。

对于使用 Anchor 的目标检测算法，设计一组良好的 Anchors 尺寸对解决多尺度目标检测的问题有很大的帮助。

6.3　mm-detection 框架下的算法实现

商汤科技（2018 COCO 目标检测挑战赛冠军）和香港中文大学开源了一个基于 PyTorch 实现的深度学习目标检测工具箱：mm-detection，其支持 Faster R-CNN，Mask R-CNN，Fast R-CNN，Cascade R-CNN，以及其他一系列目标检测框架。mm-detection 框架具有性能较高，训练速度较快，所需显存较小的优势。

mm-detection 的主要特点：

1. 模块化设计
mm-detection 将检测框架分解为不同的模块，易于快速定制简单的目标检测框架。

2. 支持多个框架的开箱即用
mm-detection 支持很多检测框架，如 Faster R-CNN, Mask R-CNN, RetinaNet 等。

3. 更高效
mm-detection 所有的 BBox 和 mask 操作都是在 GPU 上运行的。

在 mm-detection 框架下，任何目标检测算法的实现都较为简单，只需要按照自己的算法思路修改框架的官方配置文件即可，代码详见随书资料。

参 考 文 献

[1]   Mikolov T, Chen K, Corrado G, et al. Efficient estimation of word representations in vector space[C]// Workshop Papers of International Conference on Learning Representions. 2013a.

[2]   Kim Y . Convolutional Neural Networks for Sentence Classification[C]//Proceedings of Empirical Methods on Natural Language Processing, 2014.

[3]   Lecun Y , Bengio Y , Hinton G . Deep learning[J]. Nature, 2015, 521(7553):436.

[4]   https://web.stanford.edu/class/cs224n/assignments/a4.pdf

[5]   Vaswani A, Shazeer N, Parmar N, et al. Attention is all you need[C]// Advances in Neural Information Processing Systems 30, Curran Associates, Inc., 2017: 5998–6008.

[6]   Sutton C , Mccallum A . An Introduction to Conditional Random Fields[J], Foundations and Trends® in Machine Learning. 2010, 4(4):267–373.

[7]   Zeng Y, Yang H, Feng Y, et al. A convolution BiLSTM neural network model for Chinese event extraction[C]//Proceedings of NLPCC/ICCPOL 2016

[8]   Huang Z, Xu W, Yu K. Bidirectional LSTM-CRF models for sequence tagging[J]. arXiv preprint arXiv, 2015:1508.01991.

[9]   Yang J, Li Y, Chen X, et al. Deep Learning for Stock Selection Based on High Frequency Price-Volume Data[J]. arXiv preprint arXiv:1911.02502, 2019.

[10]   Zeng D, Liu K, Chen Y, et al. Distant supervision for relation extraction via piecewise convolutional neural networks[C]//Proceedings of the 2015 conference on empirical methods in natural language processing. 2015: 1753–1762.

[11]   Ji G, Liu K, He S, et al. Distant supervision for relation extraction with sentence-level attention and entity descriptions[C]//Proceedings of the AAAI Conference on Artificial Intelligence. 2017, 31(1).

[12]   Yu B, Zhang Z, Shu X, et al. Joint extraction of entities and relations based on a novel decomposition strategy[J]. arXiv preprint arXiv, 2019:1909.04273.

[13]   Bekoulis G, Deleu J, Demeester T, et al. Joint entity recognition and relation extraction as a multi-head selection problem[J]. Expert Systems with Applications, 2018, 114: 34–45.

[14]   Zheng S, Wang F, Bao H, et al. Joint extraction of entities and relations based on a novel tagging scheme[C]// Proceedings of the 55th Annual Meeting of the Association for Computational Linguistics(Volume 1: Long Papers), Vancouver, Canada: Association for Computational Linguistics, 2017: 1227–1236.

[15]   https://github.com/PaddlePaddle/Research/tree/master/KG/DuIE_Baseline

[16] Peters M E, Neumann M, Iyyer M, et al. Deep contextualized word representations[C]//Proceedings of the 2018 Conference of the North American Chapter of the Association for Computational Linguistics: Human Language Technologies, 2018: 2227–2237

[17] Radford A, Narasimhan K, Salimans T, et al. Improving language understanding by generative pre-training. 2018.

[18] Vaswani A, Shazeer N, Parmar N, et al. Attention is all you need[C]// Advances in Neural Information Processing Systems 30, Curran Associates, Inc., 2017: 5998–6008.

[19] Devlin J, Chang M W, Lee K, et al. BERT: Pre-training of deep bidirectional transformers for language understanding[C]//Proceedings of the 2019 Conference of the North American Chapter of the Association for Computational Linguistics: Human Language Technologies, 2019: 4171–4186.

[20] Dong Chao, Chen Change Loy, Kaiming He, et al. Image Super-Resolution Using Deep Convolutional Networks.[J]//IEEE Transactions on Pattern Analysis and Machine Intelligence, 2016(38): 295–307.

[21] LeCun, Y., Bottou, L., Bengio, Y., & Haffner, P. Gradient-based learning applied to document recognition[J] //Proceedings of IEEE, 1998, Vol.86, No.11: 2278–2324

[22] Dong Chao, Chen Change Loy and X. Tang. Accelerating the Super-Resolution Convolutional Neural Network.[C]//ECCV , 2016.

[23] Shi, W., Jose Caballero, Ferenc Huszár, et al. Real-Time Single Image and Video Super-Resolution Using an Efficient Sub-Pixel Convolutional Neural Network[C]//2016 IEEE Conference on Computer Vision and Pattern Recognition (CVPR), 2016 : 1874–1883.

[24] Goodfellow, I., Jean Pouget-Abadie, Mehdi Mirza, Bing Xu, David Warde-Farley, S. Ozair, Aaron C. Courville and Yoshua Bengio. "Generative Adversarial Nets." *NIPS* (2014).

[25] Srivastava N , Hinton G , Krizhevsky A , et al. Dropout: A Simple Way to Prevent Neural Networks from Overfitting[J]. Journal of Machine Learning Research, 2014, 15(1):1929–1958.

[26] Hornik K , Stinchcombe M , White H . Multilayer feedforward networks are universal approximators[J]. Neural Networks, 1989, 2(5):359–366.

[27] He K , Zhang X , Ren S , et al. Deep Residual Learning for Image Recognition[J]. IEEE, 2016.

[28] Ledig, C., Theis, L., Huszár, F., et al. Photo-Realistic Single Image Super-Resolution Using a Generative Adversarial Network. [J]//2017 IEEE Conference on Computer Vision and Pattern Recognition (CVPR), 2017: 105–114.

[29] https://en.wikipedia.org/wiki/Neuron

[30] https://zh.wikipedia.org/wiki/File:Convolution3.PNG

[31] http://dml.qom.ac.ir/wp-content/uploads/2018/05/5-Deep-learning-for-computer-vision.pdf

[32] K. He, G. Gkioxari, P. Dollár and R. Girshick, "Mask R-CNN," in IEEE Transactions on Pattern Analysis and Machine Intelligence, vol. 42, no. 2, pp. 386–397, 1 Feb. 2020, doi: 10.1109/TPAMI.2018.2844175.

[33] R. Girshick, J. Donahue, T. Darrell and J. Malik, "Rich Feature Hierarchies for Accurate Object Detection and Semantic Segmentation," 2014 IEEE Conference on Computer Vision and Pattern Recognition, 2014, pp. 580–587, doi: 10.1109/CVPR.2014.81.

[34] Krizhevsky A , Sutskever I , Hinton G . ImageNet Classification with Deep Convolutional Neural Networks[J].
      Advances in neural information processing systems, 2012, 25(2).

[35] R. Girshick, "Fast R-CNN," 2015 IEEE International Conference on Computer Vision (ICCV), 2015, pp.
      1440-1448, doi: 10.1109/ICCV.2015.169.

[36] Ren, Shaoqing & He, Kaiming & Girshick, Ross & Sun, Jian. (2015). Faster R-CNN: Towards Real-Time Object
      Detection with Region Proposal Networks. IEEE Transactions on Pattern Analysis and Machine Intelligence. 39.
      10.1109/TPAMI.2016.2577031.

[37] Z. Cai and N. Vasconcelos, "Cascade R-CNN: Delving Into High Quality Object Detection," 2018 IEEE/CVF
      Conference on Computer Vision and Pattern Recognition, 2018, pp. 6154-6162, doi: 10.1109/CVPR.2018.00644.

[38] Lin T Y, Dollar P , Girshick R , et al. Feature Pyramid Networks for Object Detection[J]. IEEE Computer Society,
      2017.